LINCOM Studien zur Biochemie

Vergleich von Ubichinon und
„Pangamsäure" als Antioxidantien
in biochemischen Modellreaktionen

Dagmar Koske

1998
LINCOM EUROPA

Informationen zur Reihe *LINCOM Studien zur Biochemie* erhalten Sie bei:

LINCOM EUROPA
Paul-Preuss-Str. 25
D-80995 München

LINCOM.EUROPA@t-online.de
http://home.t-online.de/home/LINCOM.EUROPA

FAX +49 89 3148909
TEL +49 89 3149593

Die Deutsche Bibliothek - CIP-Einheitsaufnahme

Koske, Dagmar :
Vergleich von Ubichinon und "Pangamsäure" als Antioxidantien in
biochemischen Modellreaktionen / Dagmar Koske. - München ;
Newcastle : LINCOM Europa, 1998
  (LINCOM Studien zur Biochemie ; 01)
  ISBN 3-89586-582-6

Gedruckt auf chlorfreiem Papier.

Jede Verwertung außerhalb der Grenzen des Urheberrechts bedarf der Zustimmung des
Verlages. Das gilt u.a. für Übersetzungen, den Vertrieb auf elektronischen Datenträgern, im
Internet, Mikroverfilmungen und Vervielfältigungen.

Printed in Germany.

Inhaltsverzeichnis

1 Einleitung 1

2 Material und Methoden 20

2.1 Material 20

   2.1.1 Chemikalien 20

   2.1.2 Geräte 24

   2.1.3 Puffer- und andere Lösungen 26

      2.1.3.1 Herstellung einer wäßrigen Ubichinon- oder α-Tocopherol-Lösung 28

      2.1.3.2 Herstellung einer wäßrigen Peroxynitrit-Lösung 28

2.2 Methoden 29

   2.2.1 Methoden zur Strukturaufklärung der „Pangamsäure" 29

      2.2.1.1 Aufschluß organischer Verbindungen für den Halogennachweis 29

      2.2.1.2 Kernresonanz-Spektroskopie (NMR) 29

      2.2.1.3 Infrarot-Spektroskopie 30

      2.2.1.4 Kapillarelektrophorese (HPCE) 30

   2.2.2 Gaschromatographische Bestimmung von Ethen (v. KRUEDENER et al., 1995) ... 31

      2.2.2.1 KMB-Fragmentierung durch Peroxynitrit 32

      2.2.2.2 Fenton-System 32

   2.2.3 LDL-Isolierung und -Analyse 33

      2.2.3.1 LDL Präparation 33

      2.2.3.2 Proteinbestimmung 35

      2.2.3.3 SDS-Polyacrylamid-Gelelektrophorese 35

      2.2.3.4 Trennung und Bestimmung lipophiler Substanzen mittels HPLC 37

      2.2.3.5 Anreicherung und Extraktion lipophiler Substanzen im LDL 39

      2.2.3.6 Reduktion von Ubichinon durch Borhydrid 40

   2.2.4 Untersuchungen zur Oxidierbarkeit von LDL 40

      2.2.4.1 Agarosegelelektrophorese 40

      2.2.4.2 Bildung konjugierter Diene (Dienkonjugation) 41

      2.2.4.3 Tryptophanfluoreszenz 42

   2.2.5 Isolierte Mitochondrien 43

      2.2.5.1 Präparation von Rattenlebermitochondrien 43

      2.2.5.2 Proteinbestimmung von Mitochondrien 44

      2.2.5.3 Bestimmung der Atmungsparameter der Mitochondrien mit der Sauerstoffelektrode ... 45

      2.2.5.4 Photometrische Messung des Redoxzustandes der Cytochromoxidase ... 45

   2.2.6 Statistische Auswertung der Meßergebnisse 46

3 Ergebnisse — 48

3.1 Biochemische Reaktivität von Peroxynitrit — 48

3.1.1 KMB-Spaltung durch Peroxynitrit: Einfluß von Hemmstoffen — 48
3.1.1.1 Zusammenfassung — 53
3.1.2 Peroxynitrit-induzierte LDL-Oxidation — 54
3.1.2.1 Einfluß von OH·-Scavengern auf die Dienbildung — 54
3.1.2.2 Einfluß von Glucose auf die elektrophoretischen Eigenschaften von LDL — 57
3.1.2.3 Zusammenfassung — 59

3.2 Antioxidative Eigenschaften von Coenzym Q_{10} und α-Tocopherol — 60

3.2.1 Einfluß von Ubichinon und Ubichinol auf die Kupfer II- und Peroxynitrit-induzierte LDL-Oxidation — 61
3.2.1.1 Hemmung der Bildung von konjugierten Dienen — 61
3.2.1.2 Einfluß auf die elektrophoretische Mobilität von LDL — 65
3.2.2 Kooperativität von α-Tocopherol und Coenzym Q_{10} bei der Cu(II)- und Peroxynitrit-induzierten LDL-Oxidation — 69
3.2.2.1 Hemmung der Bildung konjugierter Diene — 69
3.2.2.2 Gehalte der Testsubstanzen im LDL während der Oxidation — 73
3.2.2.3 Zusammenfassung — 76
3.2.3 Reduktion von Ubichinon im LDL — 78
3.2.3.1 Reduktion durch Vitamin C — 78
3.2.3.2 Reduktion durch Dihydroliponsäure — 80
3.2.3.3 Reduktion von Ubichinon im LDL durch NADH und Liponsäure — 81
3.2.3.4 Zusammenfassung — 82

3.3 Trennung und Strukturaufklärung der „Pangamsäure" — 83

3.3.1 Trennung des „Pangamsäurerohproduktes" mittels Kapillarelektrophorese — 83
3.3.2 Reinigung der Einzelkomponenten der „Pangamsäure" — 84
3.3.3 Strukturaufklärung der Einzelkomponenten mit Hilfe von spektroskopischen Methoden und Elementaranalyse — 85
3.3.3.1 Analyse der Fraktion 1 — 86
3.3.3.1.1 Elementaranalyse — 86
3.3.3.1.2 NMR — 87
3.3.3.1.3 Massenspektrometrie — 88
3.3.3.1.4 IR-Spektroskopie — 88
3.3.3.2 Analyse der Fraktion 2 — 88
3.3.3.2.1 Elementaranalyse — 89
3.3.3.2.2 NMR — 89
3.3.3.2.3 IR-Spektroskopie — 91

3.3.4 Vergleich der Zusammensetzung der „Pangamsäure" mit einem Handels-produkt auf dem deutschen Markt _____94

3.3.5 Zusammenfassung _____95

3.4 Antioxidative Eigenschaften der „Pangamsäure" _____**96**

3.4.1 Einfluß von DIPA, Glycin und Gluconsäure auf die Oxidation von LDL _____96

3.4.1.1 Einfluß der „Pangamsäure" bzw. ihrer Einzelkomponenten auf die Dien-bildung _____96

3.4.1.2 Einfluß der „Pangamsäure" auf die elektrophoretische Mobilität von LDL _____99

3.4.1.3 Einfluß der „Pangamsäure" auf die Kupfer II-Bindungsfähigkeit von LDL _____101

3.4.1.4 Zusammenfassung _____102

3.5 Mitochondriales System _____**103**

3.5.1 Bestimmung des Einflusses von DIPA auf die mitochondriale Atmung _____103

3.5.1.1 Einfluß von DIPA auf den Redoxzustand der Cytochromoxidase _____105

3.5.2 Einfluß von Coenzym Q_{10} bzw. Emulgator auf die mitochondriale Atmung _____107

3.5.3 Zusammenfassung _____108

4 Diskussion _____**108**

4.1 Vergleich von Peroxynitrit mit Fentontyp-Oxidantien _____**109**

4.2 Peroxynitrit induzierte LDL-Oxidation: Einfluß von OH-Radikal-Scavenger _____**112**

4.3 Reaktivität des kombinierten Peroxynitrit/Cu(II)-Systems _____**116**

4.4 Coenzym Q_{10}- und α-Tocopherol-Anreicherung im LDL _____**117**

4.5 Einfluß von Coenzym Q_{10} auf die Cu(II)- und Peroxynitrit-induzierte Oxidation von LDL _____**118**

4.6 Kooperativität von α-Tocopherol und Coenzym Q_{10} _____**121**

4.7 Reduktion von Ubichinon im LDL _____**125**

4.8 Trennung und Strukturaufklärung des"Pangamsäure"-Gemisches _____**128**

4.9 Einfluß der „Pangamsäure" und ihrer Einzelkomponenten auf die LDL-Oxidation _____**130**

4.10 Einfluß von DIPA auf den mitochondrialen Elektronentransport _____**130**

4.11 Einfluß von Ubichinon auf die mitochondriale Respiration _____**132**

5 Zusammenfassung _____**133**

6 Literatur _____**135**

7 Anhang _____**143**

Abkürzungen

ABTS	2,2´-Azino-bis(3-ethyl-1,2-dihydrobenzothiazoline-6-sulfonat)
ACC	Aminocyclopropancarbonsäure
ADP	Adenosindiphosphat
ATP	Adenosintriphosphat
Cyt c	Cytochrom c
DHLS	Dihydroliponsäure
DIPA	Diisopropylammoniumdichloracetat
EDTA	Ethylendiamintetraessigsäure
ESR	Elektronenspin-Resonanz
FID	Flammenionisationsdetektor
HPLC	High Performance Liquid Chromatography
IR	Infra Rot
KMB	2-Keto-4-S-methyl-buttersäure
LS	α-Liponsäure
LDL	low density lipoprotein
NADH	β-Nicotinamidadenindinukleotid
ONOOH	Peroxynitrit
PBS	phosphat buffered saline
Qox	Ubichinon-10
Qred	Ubichinol-10
RLM	Rattenleber-Mitochondrien
RSA	Rinderserumalbumin
SDS-PAGE	Sodiumdodecylsulfat-polyacrylamid-gelelektrophorese
Sin1	3-Morpholinosydnonimin
SOD	Superoxiddismutase
Tris	Trizma-Base
U	Internatiomal Unit (Enzymeinheit)

1 Einleitung

Oxidative Modifikationen oder Destruktionen sind die Ausgangsbasis zahlreicher Erkrankungen, wie z.B. entzündlicher Prozesse, Krebs, neurodegenerativer Prozesse, Katarakt und Atherosklerose. Atherosklerotische Gefäßläsionen und ihre Folgen sind die häufigste Todesursache weltweit und damit von enormer gesundheitspolitischer Bedeutung. Bluthochdruck, Zigarettenrauch, Hypercholesterinämie, Diabetes mellitus, Homocysteinämie und Alter sind neben genetischer Prädisposition heute allgemein akzeptierte Risikofaktoren. Diese Risikofaktoren treten in den meisten Fällen kombiniert auf.

Der Mechanismus, der zu einem verstärkten arteriosklerotischen Risiko bei Diabetikern führt, ist noch weitgehend unbekannt. Eine LDL-Oxidation, die bei Diabetikern verstärkt beobachtet werden konnte, wird für einen initialen Prozeß bei der arteriosklerotischen Erkrankung angesehen. Durch oxidative Modifikation des LDL-Partikels wird dieses unkontrolliert über den sogenannten Scavenger-Rezeptor von Arterienwand-Makrophagen aufgenommen (BROWN und GOLDSTEIN, 1979). Schutzmechanismen, die die Oxidation von LDL durch Peroxynitrit oder andere Oxidantien verhindern, haben daher Bedeutung in der Prophylaxe und Therapie von Atherosklerose (JESSUP et al., 1990).

Besondere Bedeutung beim Schutz des LDL vor Oxidation haben endogene, im LDL enthaltene Antioxidantien wie Coenzym Q_{10} und Vitamin E. Coenzym Q_{10} ist das einzige bekannte lipidlösliche Antioxidans, das de novo in tierischen Zellen synthetisiert wird und für dessen Regenerierung Enzymsysteme (mitochondrialer und mikrosomaler Elektronentransport) existieren. Nach einer Möglichkeit, Coenzym Q_{10} im LDL zu regenerieren, wird noch gesucht. Da nicht nur endogene Antioxidantien LDL vor Oxidation schützen, ist es von Interesse, auch die Wirkung anderer, leicht zugänglicher Substanzen auf die LDL-Oxidation zu untersuchen. Eine solche „natürlich vorkommende" Substanz, der man antiatherosklerotische Eigenschaften nachsagt, ist die 1954 von Krebs aus Aprikosenkernen isolierte „Pangamsäure".

Coenzym Q_{10} und die „Pangamsäure" spielen jedoch in erster Linie eine Rolle beim Elektronentransport in Mitochondrien. Coenzym Q_{10} hat Cofaktor-Wirkung im Elektronentransport der Mitochondrien, „Pangamsäure" soll in Art eines allosterischen Effektors Enzyme des Elektronentransports aktivieren. Coenzym Q_{10} ist in physiologischen Konzentrationen nicht in der Lage, die Enzyme in der Membran, mit denen es wechselwirkt, zu saturieren. Durch angebotenes Ubichinon und „Pangamsäure" sollte daher der Elektronentransport und somit der gesamte aerobe Metabolismus „anregbar" sein.

Oxidierbarkeit von Low Density Lipoprotein und sein atherogenes Risiko

Eine entscheidende Rolle bei der Pathogenese der Atherosklerose spielen die Lipoproteine, vor allem LDL. LDL ist das Haupttransportmolekül für Cholesterol und Cholesterolester im Plasma. Es besitzt einen Lipidkern aus ungefähr 2000 Cholesterin- und Phospolipid-Molekülen sowie ein Molekül Apo B-100 (514000 D). Eine oxidative Modifikation von LDL erhöht dessen atherogenes Potential. Oxidativ modifiziertes LDL hat jedoch noch andere schädliche Effekte: Es wirkt zytotoxisch auf eine Vielzahl von Zellen, inhibiert die Abgabe von Endothelium-dependent Relaxing Factor (EDRF = NO), initiiert die $O_2^{\cdot-}$-Produktion durch Neutrophile, beeinflußt die Expression bestimmter Gene und vieles mehr (PARTHASARATHY et al., 1992; ESTERBAUER et al., 1990; MAEBA et al., 1995; CLAISE et al., 1996).

Der physiologisch relevante Prozess der die Oxidation von LDL *in vivo* initiiert ist bisher noch nicht bekannt. Es gibt mehrere Hinweise, daß die Oxidation des LDL in der Intima stattfindet und durch die umgebenden Zellen beeinflußt wird. Die Oxidation kann durch eine Reihe verschiedener Zell-Typen wie Monocyten, Makrophagen, Endothelzellen, glatte Muskelzellen und Fibroblasten erfolgen (HEINECKE, 1997). Bisher ist noch nicht bekannt, ob die Oxidation des Protein- oder Lipidanteils mehr Bedeutung für die Athereosklerose hat.

Im folgenden sind einige Vorgänge, die zur Oxidation von LDL führen dargestellt:

- Direkte Oxidation durch von Zellen abgegebene Oxidantien (z.B. Wasserstoffperoxid, Superoxidradikalanion, Hypochlorige Säure, Peroxynitrit);
- Oxidation durch von Zellen stammende Lipidhydroperoxide;
- Oxidation durch von Zellen abgegebene Enzyme (z.B. Lipoxygenasen), welche LDL direkt als Substrat umsetzen;
- Oxidation durch Übergangsmetalle (Reduktion durch Thiole oder andere Mechanismen)
- Verstärkung der metallkatalysierten Lipidperoxidation durch die Generierung eines Micromilieus (z.B. Modulation des pH, pO_2, Antioxidantien);

Seit kurzem wird hauptsächlich die Initiierung der LDL-Oxidation durch Peroxynitrit diskutiert.

Rolle von Peroxynitrit als biologisches Oxidans

Stickstoffmonoxid, welches von Leukozyten und Endothelzellen aus L-Arginin unter Katalyse der NOS (Stickstoffmonoxid-Synthase) gebildet wird (siehe Übersichtsartikel, MAYER und HEMMENS, 1997), kann in einer sehr schnellen Reaktion ($k = 6{,}7 \times 10^9$ $M^{-1}s^{-1}$) mit dem Superoxidradikalanion zum Peroxynitrit ($ONOO^-$) reagieren (PRYOR und SQUADRITO, 1995; Saran et al., 1990). Die Reaktion des Superoxidradikalanions mit $NO^\bullet$ ist dreimal so schnell wie die Dismutation durch SOD ($k = 2{,}3 \times 10^9$ $M^{-1}s^{-1}$).

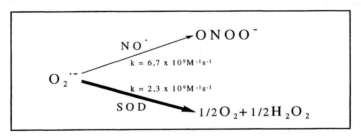

Abb. 1: Zwei Hauptreaktionen des Superoxidradikalanions: mit Superoxiddismutase (SOD) und Stickstoffmonoxid (aus BARTOSZ, 1996)

In vivo ist die Konzentration von SOD jedoch 100-fach (10 µM) höher als die von $NO^\bullet$ (0,1 µM), wodurch die Reaktion von $O_2^{\bullet-}$ zum Peroxynitrit kaum eine Rolle spielt. Erst wenn die $NO^\bullet$-Konzentration lokal, z.B. in der Nähe von aktivierten Phagozyten bis auf 10 µM ansteigt, ist die Reaktion des Superoxidradikalanions mit $NO^\bullet$ gegenüber der Dismutation zu H_2O_2 und Sauerstoff begünstigt. Da das Superoxidradikalanion die Aktivität der NO-Synthase hochreguliert und selber in der Lage ist, N^G-Hydroxy-L-Arginin, ein Metabolit bei der NO-Synthese, unter Freisetzung von $NO^\bullet$ zu oxidieren, findet Peroxynitritbildung vermehrt unter oxidativem Streß statt (MODOLELL et al., 1997; VETROVSKY et al., 1996).

Peroxynitrit ist ein starkes Oxidans und Nitrierungsreagenz (Abb. 2).

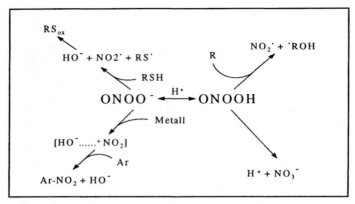

Abb. 2: Hauptreaktionen von Peroxynitrit: Peroxynitrit kann geeignete Substrate oxidieren und nitrieren. Durch Protonierung entsteht die korrespondierende Säure, welche oxidierende (und hydroxylierende) Eigenschaften hat. R, Substrat; RSH, Thiol; R_{ox}, oxidiertes Substrat; Ar, Aromat; (aus GATTI et al. 1995)

Es wurde postuliert, daß die O-O Bindung von Peroxynitrit homolytisch

$$HOONO \Leftrightarrow HO^{\bullet} + NO_2^{\bullet}$$

oder heterolytisch

$$HOONO \Leftrightarrow HO^- + NO_2^+$$

gespalten werden kann (HOGG et al., 1992). Die bei der homolytischen Spaltung entstehenden Oxidantien HO$^{\bullet}$ und NO$_2^{\bullet}$ sind mitverantwortlich für die Oxidationsreaktionen von Peroxynitrit. Das bei der heterolytischen Spaltung entstehende Nitroniumion ist ein starkes Nitrierungsreagenz und daher für die Nitrierungsreaktionen des Peroxynitrits verantwortlich. HO$^{\bullet}$ ist das stärkste Oxidans, welches in biologischen Systemen gebildet werden kann, hierfür wurde von YOUNGMAN und ELSTNER (1981) der Name „crypto-OH" geprägt; NO$_2^{\bullet}$ ist ebenfalls ein starkes Oxidans, welches eine Lipidperoxidation initiieren kann und in der Lage ist, aromatische Aminosäuren zu nitrieren. Metallionen scheinen für die Katalyse der heterolytischen Spaltung von Peroxynitrit notwendig zu sein, da für die Ladungs-Trennung eine hohe Aktivierungsenergie benötigt wird.

Katalyse der heterolytischen Spaltung von Peroxynitrit notwendig zu sein, da für die Ladungs-Trennung eine hohe Aktivierungsenergie benötigt wird.

Einige Autoren halten die homolytische Spaltung von Peroxynitrit für unwahrscheinlich, da sie die Bildung von OH-Typ-Addukten von Peroxynitrit in Spintrapping-Experimenten nicht beobachten konnten (SHI et al., 1994; SOSZYNSKI und BARTOSZ, 1996). Auch thermodynamische und kinetische Betrachtungen schließen die homolytische Spaltung in HO• und NO_2• beinahe aus, es sei denn, *trans*-Peroxynitrit ist ein Intermediat dieser Reaktion (KOPPENOL et al., 1992; LEMERCIER et al., 1995; HOUK, 1996).

In Abbildung 3 sind die neu postulierten Reaktionsmechanismen für Peroxynitrit dargestellt. Demnach ist der erste Schritt eine Protonierung von Peroxynitrit zur cis-Säure, welche über eine mögliche Wasserstoffbrückenbildung stabilisiert ist. Erst durch die Isomerisierung zur trans-Säure bildet sich die reaktive Spezies, die entweder selber mit einem Substrat reagieren kann oder homolytisch in HO• und NO_2• zerfällt. Einige Autoren halten wiederum erst eine vibrationsangeregte Form der *trans*-Säure (*) für die reaktive Spezies (GOLDSTEIN et al., 1996).

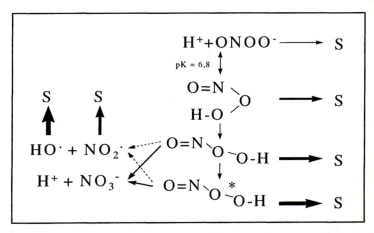

Abb. 3: Reaktionsmechanismen von Peroxynitrit. S, Substrat; *, vibrationsangeregte Form (aus VASQUEZ-VIVAR et al., 1996)

Die Interaktion zwischen Peroxynitrit und Bicarbonat scheint für die Reaktivität von Peroxynitrit ausschlaggebend zu sein. So schützt Bicarbonat *E.coli*- Zellen vor der toxischen Wirkung von Peroxynitrit (ZHU et al., 1992), verstärkt aber die Peroxynitrit-induzierte Lumi-

Spezies, die bei einer Reaktion von Peroxynitrit mit Bicarbonat entsteht, ist reaktiver und kurzlebiger als Peroxynitrit. Hierbei handelt es sich um das freie Bicarbonatradikal, welches in folgender Reaktion gebildet wird:

$$ONOOH + HCO_3^- \Rightarrow HCO_3^{\bullet} + NO_2^{\bullet} + HO^-$$

ONOOH kann ebenso Bicarbonat zu Peroxybicarbonat oxidieren, welches ebenfalls ein starkes Oxidationsmittel darstellt (RADI et al., 1993; GOW et al., 1996). Eine weitere Möglichkeit ist die Entstehung eines Nitrosoperoxycarbonatanion-Addukts,

$$CO_2 + O=NOO^- \Rightarrow O=N-OOCO_2^-$$

welches zu einem Nitrocarbonatanion ($O_2N-OCO_2^-$) weiterreagieren kann (LYMAR und HURST, 1996). Dieses Nitrocarbonatanion wird ebenfalls als eine sekundäre, reaktive Spezies in Reaktionen von Peroxynitrit angesehen (UPPU et al., 1996).

Peroxynitrit ist also in der Lage, eine Vielzahl von Biomolekülen zu oxidieren oder zu nitrieren. Es ist bekannt, daß es auch die Lipidperoxidation des LDL initiieren (DARLEY-USMAR et al., 1992) und Tyrosinreste der Apo B-100 Proteinkette nitrieren kann (MONDORO et al., 1997; LEEUWENBURGH et al., 1997).

Rolle von Übergangsmetallen bei der Oxidation von LDL

In der Gegenwart von Übergangsmetallen und Sauerstoff sind Thiolkomponenten in der Lage, Superoxidradikalanionen und Thiylradikale zu bilden. HEINECKE et al. (1993) haben gezeigt, daß Kulturen von humanen glatten Muskelzellen LDL in Anwesenheit von L-Cystin und redoxaktiven Metallionen über einen $O_2^{\bullet-}$-abhängigen Mechanismus oxidieren. Glatte Muskelzellen reduzieren Cystin zu seinem korrespondierenden Thiol. In Gegenwart von Übergangsmetallionen wird das Cystein unter $O_2^{\bullet-}$-Generierung oxidiert. Im zellfreien System modifizieren L-Cystein, Glutathion und D,L-Homocystein LDL in Gegenwart von Übergangsmetallionen.

Die Cystein/Cu(II) vermittelte Modifikation ist durch SOD, nicht aber durch Katalase oder Mannit hemmbar. Das deutet darauf hin, daß diese Reaktion durch die metallabhängige Generierung eines Thiylradikals $RS^{\bullet}$ bedingt ist.

$$RS^- + Me^{n+} \Rightarrow RS^\bullet + Me^{(n-1)+}$$

Dieses Radikal kann mit dem Thiolatanion RS^- unter Bildung des Disulfidradikalanions reagieren:

$$RS^\bullet + RS^- \Rightarrow RSSR^{\bullet -}$$

Dieses kann wiederum durch Sauerstoff zum Disulfid oxidiert werden:

$$RSSR^{\bullet -} + O_2 \Rightarrow RSSR + O_2^{\bullet -}$$

Die Glutathion- bzw. D,L-Homocystein/Cu(II)-vermittelte Modifikation von LDL ist nicht durch SOD hemmbar, weshalb man die Bildung von S-zentrierten Radikalen für möglich hält, welche die Lipide direkt oxidieren können.

GARNER und JESSUP (1996) haben eine zellabhängige Reduktion von Cu(II) in einem Thiol-freien Medium nachweisen können. Demnach können Zellen (Makrophagen) direkt und/oder indirekt Übergangsmetallionen (Fe^{3+}, Cu^{2+}) reduzieren, wodurch sie mit Lipidhydroperoxiden hoch reaktiv werden (GARNER et al., 1997). Es wird allgemein angenommen, daß dieser Prozeß wesentlich die „Zell-vermittelte" LDL-Oxidation ausmacht.

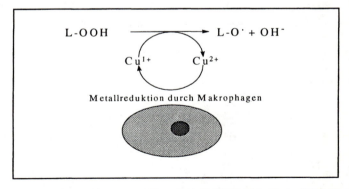

Abb. 4: Beschleunigung der Lipidperoxidation durch Zellen. LOOH, Lipidhydroperoxide; L-O˙, Alkoxylradikal (nach GARNER und JESSUP, 1996).

Zusätzlich zur Beschleunigung der Lipidperoxidation durch die Reduktion von Cu(II) zu Cu(I), ist Cu(II) selber in der Lage, die Lipidperoxidation zu initiieren. Die Cu(II)-abhängige

Oxidation ist $O_2^{\cdot-}$-, H_2O_2- und $OH^{\cdot}$-unabhängig. LYNCH und FREI (1995) zeigten, daß LDL selbst Cu(II) zu Cu(I), jedoch nicht Fe(III) zu Fe(II), reduziert. Freie Sulfhydrylgruppen des Apo B-100 stellen nicht die Reduktionsmittel dar. Ein möglicher Mechanismus wäre die Interaktion von Cu(II) mit α-Tocopherol (α-TocH)

$$Cu(II) + \alpha TocH \Rightarrow Cu(I) + \alpha Toc^{\cdot} + H^+$$

unter Bildung eines Tocopherylradikals ($\alpha Toc^{\cdot}$), welches die Lipidperoxidation initiiert. Ähnlich wie LDL ist auch das Alzheimer „Amyloid Precursor Protein" in der Lage, Cu(II) zu Cu(I) zu reduzieren (MULTHAUP et al., 1996).

Einfluß von Glucose auf die LDL-Oxidation

Patienten mit Diabetes mellitus haben ein erhöhtes Risiko für Atherosklerose. Eine Glucose-Konzentration von 8-20 mM im Serum, wie sie bei Diabetikern gemessen wird, stimuliert die Oxidation von LDL durch Neutrophile und isolierte Makrophagen (RIFICI et al., 1994; KAWAMURA et al., 1994). Glucose kann unter physiologischen Bedingungen *in vitro* metallkatalysiert metabolisiert werden, wobei Oxidantien entstehen, die ähnlich reaktiv wie das Hydroxylradikal sind (HUNT et al., 1994). Diese Oxidantien können Proteine fragmentieren, Benzoesäure hydroxylieren und die Lipidperoxidation initiieren.

Therapiemöglichkeiten

Bei der Pathogenese der Atherosklerose spielen erhöhte Konzentrationen von Cholesterin, insbesondere LDL-Cholesterin, eine ausschlaggebende Rolle. Ziel einer Therapie der Hyperlipidämie ist eine Normalisierung der Cholesterin- und/oder Triglyceridkonzentrationen im Serum. Darüber hinaus sollen schon entstandene Atheroskleroseplaques abgebaut werden. Die einfachste therapeutische Maßnahme ist eine Fett-reduzierte, kalorienarme Diät, durch die man die Serumkonzentration an Cholesterin um bis zu 20% senken kann (ZÖLLNER et al., 1990). Ist diese Maßnahme nicht ausreichend, werden folgende Medikamente zur Senkung der Plasmalipidkonzentration angewendet:

- Basische Anionenaustauscher: Durch die Stimulierung der Ausscheidung von Gallensäure in den Darm wird Cholesterin vermehrt verbraucht, wodurch die Aufnahme von LDL aus dem Blutserum in die Leber gesteigert wird (ZÖLLNER et al., 1990).

- HMG-CoA-Reduktase Hemmer: Das Schlüsselenzym der Cholesterinbiosynthese, die 3-Hydroxy-3-methylglutaryl-CoA-Reduktase, ist durch die Substanzen Compactin (aus Penicillium) und Mevinolin (aus Aspergillus) kompetitiv hemmbar (ZÖLLNER et al. 1990).

- Kalziumantagonisten:Nifedipin und Verapamil vermindern die durch Cholesterinfütterung induzierte Atheroskleroseplaquebildung in Tiermodellen. Bei diesen Tieren kann man eine Senkung des Blutdrucks (BERNINI et al., 1989), aber keine Veränderung des Blutfettspiegels feststellen. Diese Kalziumantagonisten erhöhen die Resistenz von nativem LDL gegenüber der Oxidation durch Monocyten und Endothelzellen (BREUGNOT et al., 1991).

- Antioxidantiengabe und andere Mechanismen (z.T. sehr konplexe, homöopathische Methoden).

Oxidationsschutz durch Antioxidantien

Da die oxidative Modifikation von LDL einer der wesentlichen einleitenden Schritte in der Entwicklung atherosklerotischer Plaques ist, wirken geeignete Antioxidantien antiatherogen. Antioxidantien können auf unterschiedlichen Ebenen auf eine LDL-Oxidation einwirken (ESTERBAUER et al., 1992). Sie bieten ein Schutzsystem gegen die bei verschiedenen Stoffwechselprozessen entstehenden Radikale und können so Kettenreaktionen unterbinden, unterstützen die körpereigenen antioxidativen Schutzsysteme (wie z.B. Coenzym Q_{10}, Katalase, Superoxiddismutase, Glutathion), hemmen außerdem die Freisetzung von Sauerstoffradikalen aus dem Endothel selbst und bieten einen wirkungsvollen Oxidationsschutz für die Gefäßwand (ALLEVA et al., 1955). Neben den körpereigenen Schutzsystemen gibt es zahlreiche natürlich vorkommende Antioxidantien, die antiarteriosklerotische Wirkung haben. Hierzu zählen Resveratrol und phenolische Substanzen aus Rotwein und Bier, pflanzliche Flavonoide (z.B. Morinhydrat und Quercetinglykoside) sowie Polyphenole aus Teeblättern und die schon erwähnte „Pangamsäure".

Coenzym Q_{10}, α-Tocopherol und Vitamin C

Während der LDL-Oxidation werden zunächst die endogenen Antioxidantien, in der Reihenfolge: Ubichinol, α-Tocopherol, Lycopen, Kryptoxanthin, Lutein, Zeaxanthin und zuletzt β-Carotin verbraucht. Erst wenn alle Antioxidantien erschöpft sind, setzt die Lipidperoxidation voll ein. Ein LDL-Partikel enthält in der Regel 5-7 Moleküle α-Tocopherol und nur 0,5-0,8 Moleküle Ubichinol (THOMAS et al., 1996). Vitamin E ist ein sehr wirkungsvolles Lipid-Antioxidans. Es verhindert die Lipidperoxidation, indem es mit den entstehenden Peroxylradikalen reagiert, wodurch es zum Kettenabbruch kommt. Ein Vitamin E-Molekül kann dabei zwei Peroxyl-Radikale „abfangen".

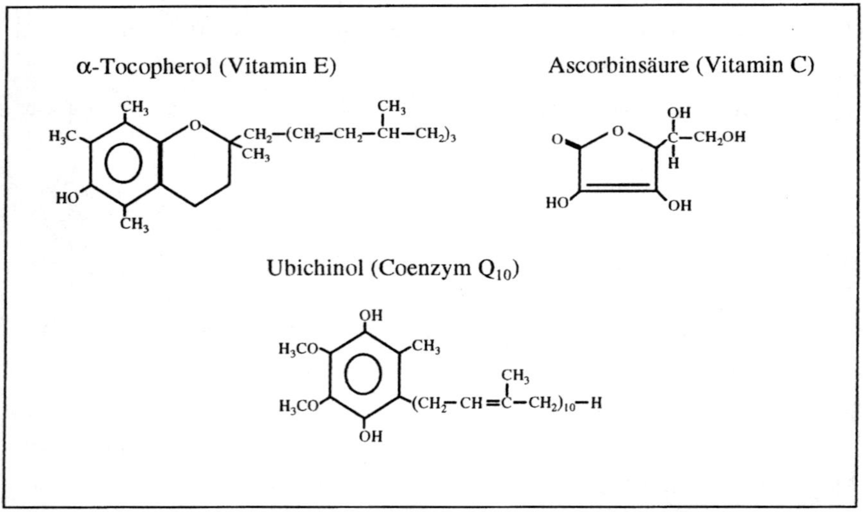

Abb. 5: Strukturformeln von α-Tocopherol, Ubichinol und Ascorbinsäure

Reduziertes Coenzym Q_{10} sowie Vitamin C sind in der Lage, durch Reduktion des α-Tocopheryl-Radikals Vitamin E zu regenerieren. In Abwesenheit von solchen Co-Antioxidantien konnten KONTUSH et al. (1996) feststellen, daß α-Tocopherol unter stark oxidativen Bedingungen, wenn die Oxidation durch hohe Cu(II)- oder 2,2'-Azobis-(2-amidinopropane)-hydrochlorid (AAPH) induziert wurde, die Plasma- und LDL-Oxidation verringert. Dieser Effekt ist unabhängig von Vitamin C im Reaktionsansatz. Jedoch unter milden oxidativen

Bedingungen, bei geringen Cu(II) oder AAPH-Konzentrationen im Reaktionsansatz, konnte eine Erniedrigung der Oxidabilität nur bei gleichzeitiger Anwesenheit von Vitamin C festgestellt werden. Unter diesen Bedingungen hat α-Tocopherol allein prooxidative Eigenschaften. Auch MAIORINO et al. (1993) haben eine Stimulierung der Cu(II)-initiierten Lipidperoxidation durch α-Tocopherol feststellen können. Eine Co-Anreicherung von α-Tocopherol und Ubichinol verhindert diesen prooxidativen Effekt und erhöht die Resistenz von LDL gegenüber Metall-abhängiger Oxidation (THOMAS et al., 1996). Ubichinol ist ein wesentlich besseres Radikal-Kettenabbruch-Antioxidans als α-Tocopherol, da das entstehende Semichinon-Radikal seinen Radikalcharakter aus dem LDL in die wäßrige Phase transportiert (INGOLD et al., 1993).

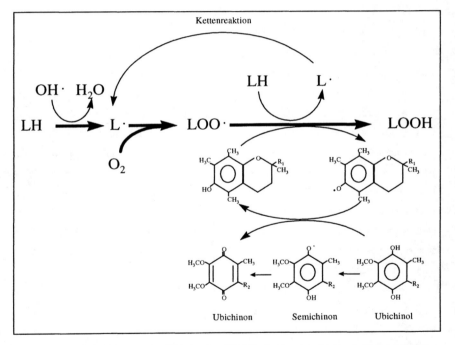

Abb. 6: Kooperative Wirkung von α-Tocopherol und Ubichinol während der Lipidperoxidation. LH, Fettsäure; L•, Fettsäure-Alkylradikal; LOO•, Fettsäure-Alkyldioxylradikal; LOOH, Fettsäurehydroperoxid;

„Pangamsäure"

Der „Pangamsäure" werden zahlreiche, unter anderem auch antiatherosklerotische Eigenschaften zugesprochen (REVSKOY, 1969). Betrachtet man die veröffentlichte Literatur zum Thema Pangamsäure, die sich von 1954 bis in die Anfänge der 70er Jahre erstreckt, so stellt man fest, daß sie sich in zwei Lager aufteilt. Es gibt Autoren, welche die Pangamsäure als das „Wundermittel" zur Heilung einer großen Anzahl von Krankheiten darstellen und solche, die die Existenz der „Pangamsäure" in Frage stellen und alle mit ihr durchgeführten biochemischen und klinischen Untersuchungen als fehlerhaft oder wenigstens unvollständig darstellen (RIEMSCHNEIDER und QUELLE, 1984). Im folgenden wird versucht, eine objektive Übersicht zu Berichten über das Vorkommen sowie der Wirkungsweisen der „Pangamsäure" zu geben.

KREBS entdeckte 1938 eine in Aprikosenkernen vorkommende bis dahin unbekannte Substanz (KREBS et al., 1954). Später konnte er diese wasserlösliche Substanz in kristalliner Form aus Reiskleie isolieren. Bei seinen weiteren Untersuchungen hat sich herausgestellt, daß diese Substanz in der Natur anscheinend weit verbreitet ist und in pflanzlichen und tierischen Geweben vorkommt (Aprikosenkerne, Reiskleie, Mais, Hefe, Ochsenblut, Pferdeleber...). Da die Substanz in fast allen Samen in unterschiedlichen, relativ hohen Konzentrationen gefunden wurde, hat man ihr den Namen „Pangamsäure" (pan=universal, gam=Samen) gegeben. Auffallend war, daß die „Pangamsäure" in der Natur überall in Verbindung mit den bekannten B-Vitaminen gefunden wurde. Daher hat man vorgeschlagen, sie in die Gruppe der B-Vitamine einzuordnen. Damals hat man nach Vitamin B_{12} noch vitaminähnliche Faktoren mit den Ordnungszahlen B_{13} und B_{14} unterschieden (ZETKIN und SCHALDACH, 1964), weshalb man der „Pangamsäure" die nächst folgende Ordnungszahl, Vitamin B15, zugeordnet hat.

Die von KREBS isolierte „Pangamsäure" ist in Wasser löslich, nicht aber in Ether, Chloroform, Methylacetat und anderen unpolaren organischen Lösungsmitteln. Der Schmelzpunkt liegt bei 165°C, und das Molekulargewicht soll 281,26 g/mol betragen. Die Summenformel der Pangamsäure lautet $C_{10}H_{19}O_8N$, chemisch handelt es sich um das Dimethylaminoacetat der Gluconsäure (KREBS et al., 1954). 1955 hat Krebs dann eine Substanz synthetisiert, die der natürlich vorkommenden „Pangamsäure" chemisch und physikalisch sehr ähnlich war (KRAUSHAAR et al., 1963). Hierbei handelt es sich um das Natrium-Glucono-6-di(N-

1 Einleitung 13

diisopropylamino)-acetat, welches angeblich als Haupt-Wirksubstanz für die angegebenen Effekte verantwortlich ist.

Ein in der Literatur beschriebenes „Spaltprodukt der Pangamsäure" ist DIPA (Diisopropylammoniumdichloracetat), dessen Summenformel $C_8H_{12}O_2NCl_2$ ist, und die ein Molekulargewicht von 230,14 g/mol hat. Sein Schmelzpunkt liegt bei 119-121°C (KRAUSHAAR et al., 1963).

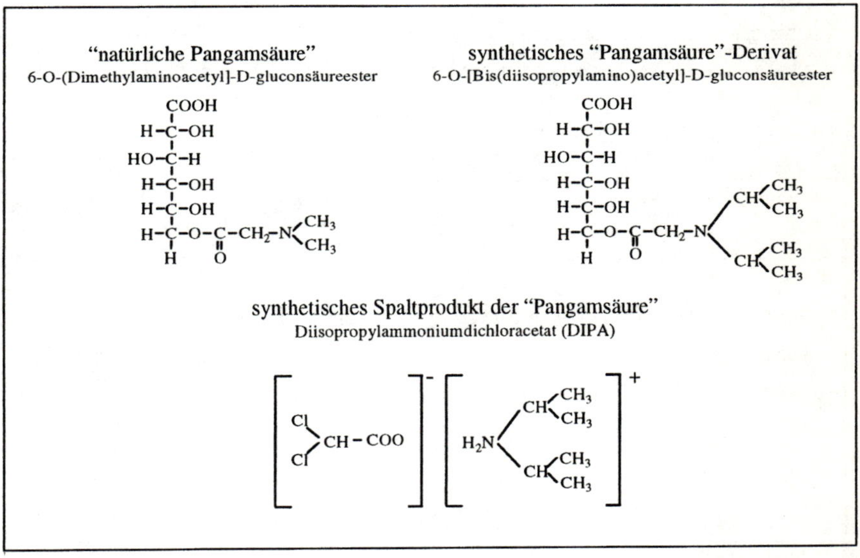

"natürliche Pangamsäure"
6-O-(Dimethylaminoacetyl]-D-gluconsäureester

synthetisches "Pangamsäure"-Derivat
6-O-[Bis(diisopropylamino)acetyl]-D-gluconsäureester

synthetisches Spaltprodukt der "Pangamsäure"
Diisopropylammoniumdichloracetat (DIPA)

Abb. 7: Strukturformeln der „Pangamsäure" und ihrer synthetischen Derivate

Bisher wurde noch keine Strukturanalyse zur Bestätigung der Molekülstrukturen der „Pangamsäure" veröffentlicht. Die von KREBS beschriebene „Pangamsäure" ist nach heutigem Wissen eine nicht identifizierbare Substanz, deren Bezeichnung als Vitamin oder Provitamin sowie jegliche medizinische und ernährungsphysiologische Bedeutung mehr als fragwürdig ist (HERBERT, 1980). Unter dem Begriff „Pangamsäure" wird heute eine Vielzahl von Substanzen und Substanzgemischen geführt. So ist die Pangamsäure im Merck Index von 1968 (8. Edition) als ein Gemisch aus Glycin, Gluconsäure und Diisopropylammoniumdichloracetat aufgeführt. In der darauffolgenden Auflage (9. Edition) wird die Pangamsäure jedoch als D-Gluconsäure-6-bis(1-Methylethyl)aminoacetat bezeichnet. In der gleichen Auflage steht unter dem Eintrag bei Diisopropylammoniumdichloracetat, daß es sich um die aktive Komponente von Vitamin B_{15} handelt. Solche widersprüchlichen Beschreibungen der Pangamsäure treten in der Literatur wiederholt auf. So ist es nicht verwunderlich, daß es sich bei der Pangamsäure verschiedener Anbieter um vollkommen verschiedene Substanzen handelt. Einige Anbieter verkaufen ein Gemisch aus Gluconsäure und Dimethylglycin, andere ein Gemisch aus Glycin, Gluconsäure und Diisopropylammoniumdichloracetat unter dem Namen Pangamsäure. In Tabelle 1 sind die biologischen Effekte, welche die Pangamsäure ausüben soll, zusammengefaßt. Da es nicht eindeutig ist, mit welcher der vielen Substanzen oder Substanzgemischen die einzelnen Versuche durchgeführt wurden, kann man die beobachteten Effekte exakt keiner der Substanzen zusprechen.

Tab. 1: Wirkungsweise der „Pangamsäure" (STACPOOLE, 1977)

Biochemischer Effekt		postulierter Mechanismus
Stimulierung von Transmethylierungsreak-tionen	*in vivo:* Säugetierleber, Muskel	Methylgruppen-Donator
Stimulierung der O_2-Aufnahme ins Gewebe	*in vitro:* Rattenhirnscheiben, Ratten-lebermitochondrien *in vivo:* Arterienligation, Cyanide	Stimulierung der Enzymaktivitäten von: • Cytochromoxidase • α-Ketoglutarat-Dehydrogenase • Succinat-Dehydrogenase
Verhinderung der Fettleberbildung	*in vivo:* Cholesterinfütterung, CCl_4, Anesthetika	Methylgruppen-Donator
Leistungssteigernd	*in vivo:* schwimmende Ratten	• gesteigerte O_2-Aufnahme in das Gewebe • erhöhte Energiesubstratpegel
Senkung des Serumcholesterinspiegels	*in vivo:* Ratten	Inhibition der Cholesterinbiosynthese

Die von verschiedenen Autoren postulierten Mechanismen zur Wirkungsweise der Pangamsäure sind meist nicht genügend experimentell abgesichert oder gar falsch. So können z.B. die meisten als „Pangamsäure" bezeichneten Substanzen, entgegen der Behauptung von KOVATS et al. (1968), nicht als Methylgruppendonatoren fungieren, da das Methyl-

1 Einleitung 15

gruppenübertragungspotential aus C-C-Bindungen gleich Null ist. Nur Substanzen, in denen Methylgruppen über Stickstoff oder Schwefel gebunden sind, können diese auf entsprechende Akzeptoren übertragen.

Mitochondrialer Elektronentransport

Beide in der vorliegenden Arbeit behandelten Substanzen, Ubichinon und „Pangamsäure", sind entweder mit am Elektronentransport beteiligt oder „stehen im Verdacht", Enzyme die am Elektronentransport beteiligt sind, zu aktivieren. Daher wird im folgenden erst ein kurzer Überblick über den Mechanismus des gekoppelten, mitochondrialen Elektronentransports gegeben, bevor auf die Rolle von Ubichinon und „Pangamsäure" näher eingegangen wird.

Die Mitochondrien sind die „Kraftwerke" der aeroben Zellen. Hier findet die Umwandlung von Redoxenergie in Phosphorylierungspotential statt. Auf Kosten von Verbindungen mit stark negativem Redoxpotential synthetisieren sie Adenosintriphosphat (ATP) aus Adenosindiphosphat (ADP) und Phosphat (Pi). Dabei werden Elektronen von Donatoren wie NADH, Succinat oder Malat in die Atmungskette eingeschleust und über eine Kaskade von Redoxkomponenten abgestuften Potentials letztendlich auf den Sauerstoff im Grundzustand übertragen (ELSTNER, 1990). Diese Elektronentransportkette ist in der inneren Membran der Mitochondrien lokalisiert. Die Organisation der respiratorischen Kette ist in Abb. 8 dargestellt. Sie besteht aus vier Multienzymkomplexen, NADH-Ubichinon-Oxidoreduktase (Komplex I), Succinat-Ubichinon-Oxidoreduktase (Komplex II), Ubichinon-Cytochrom c-Oxidoreduktase (Komplex III) und der Cytochromoxidase (Komplex IV). Weiterhin gehören auch zwei relativ kleine Elektronen-Carrier, Ubichinon und Cytochrom c zur Atmungskette. Die Komplexe I, III und IV sind membrandurchspannend und an der Generierung eines elektochemischen Protonengradienten quer zur inneren Mitochondrienmembran beteiligt. Der elektrochemische Protonengradient erzeugt eine protonentreibende Kraft. Dieser nach innen gerichtete Protonenfluß erfolgt mit Hilfe eines Proteinkomplexes, der ebenfalls die innere Membran der Mitochondrien durchspannt, der ATP-Synthase (ATPase). Dieses Enzym katalysiert die ATP-Synthese aus ADP und Phosphat. Die oxidative Phosphorylierung unterliegt einer Kontrolle durch den Elektronendonator (z.B. NADH oder Succinat), den Phosphatakzeptor ADP und den Elektronenakzeptor Sauerstoff. Die Atmung der Zelle wird meist durch einen der beiden erstgenannten Faktoren bestimmt, da Sauerstoff in der Regel in ausreichendem Maße zur Verfügung steht. Die

Atmungszustände werden nach CHANCE und WILLIAMS (1955a, b) wie folgt beschrieben:

- Atmungszustand 1: ADP und H_2-Donor sind limitierende Faktoren;
- Atmungszustand 2: H_2-Donor ist limitierender Faktor;
- Atmungszustand 3: keiner der drei Faktoren ist limitierend, die Geschwindigkeit der oxidativen Phosphorylierung ist nur von kinetischen Parametern der respiratorischen Enzyme abhängig;
- Atmungszustand 4: ADP ist limitierender Faktor;
- Atmungszustand 5: Sauerstoff ist limitierender Faktor;

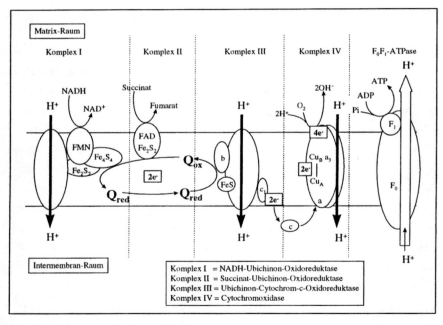

Abb. 8: Schematische Darstellung des mitochondrialen Elektronentransports.

Lokalisation und Funktion von Ubichinon in der Atmungskette

Das Ubichinon bildet einen mobilen, elektronenverteilenden Molekül-„Pool", der die Dehydrogenasen mit den Oxidasen verbindet. Es überträgt Elektronen und Protonen, indem es einerseits als Q und andererseits als QH_2 zwischen $[e^- + H^+]$-Donator- und $[e^- + H^+]$-Akzeptorzentren von katalytischen Proteinen der Atmungskette zirkuliert. Obwohl Coenzym Q_{10} ein relativ großes (863 g/mol) Molekül ist, zeichnet es sich durch eine äußerst hohe Beweglichkeit im Kohlenwasserstoffbereich der Lipiddoppelschicht aus. Die vitale Funktion von Coenzym Q_{10} besteht darin, die Übertragung und Translokation von Elektronen an die Übertragung und Translokation von Protonen durch den Kohlenwasserstoffbereich der Innenmembran der Mitochondrien zu koppeln. Die Cytochrom-c-Reduktase ist ebenfalls ein wesentlicher und unentbehrlicher Teil der protonentreibenden Kraft der Atmungskette in den Mitochondrien und funktioniert über den Mechanismus des Q-Zyklus, den Peter Mitchell erstmals im Jahr 1975 beschrieben hat.

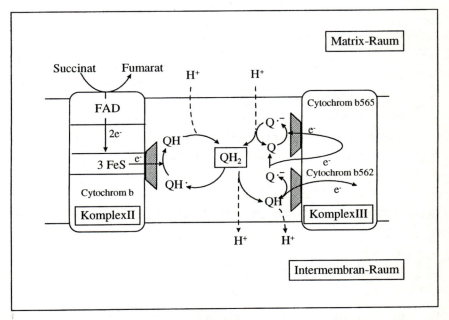

Abb. 9: Schematischer Elektronentransfer und vorgeschlagene Mechanismen der Protonentranslokation im Bereich von Komplex III (verändert nach NOHL und JORDAN, 1986)

Die protonentreibende Wirkung der Cytochrom c-Reduktase beruht auf der Eigenschaft, daß sie ein QH_2-oxidierendes Zentrum im Osmoenzym-Molekül nahe der Außenseite des Kohlenwasserstoffbereichs der Doppelschichtmembran und ein Q-reduzierendes Zentrum in der Nähe der Innenseite des Kohlenwasserstoffkerns der Doppelschicht besitzt (DE VRIES et al., 1981). Die wasserstoffübertragende Funktion von Coenzym Q_{10}, die auf seiner hohen Mobilität in der Membran beruht, ist abhängig von der Aufrechterhaltung einer hohen Konzentration von Q_{10}. Nach stöchiometrischer Berechnung befinden sich in den Mitochondrien des Herzens für jeden NADH-Dehydrogenasekomplex 3 Moleküle bc1-Komplex, 9 Moleküle Cytochrom c, 7 Moleküle Cytochromoxidase und 50 Moleküle Ubichinon. Die Affinität von Coenzym Q_{10} zu den Enzymen, mit denen eine Wechselwirkung besteht, ist nicht hoch genug, um sie in einer physiologischen Chinon-Konzentration in der Membran zu saturieren. Somit ist die Geschwindigkeit des Elektronentransports auch abhängig von der Ubichinonkonzentration (LENAZ et al., 1991).

Aktivierung von Enzymen der Atmungskette durch die „Pangamsäure"

Die „Pangamsäure" soll zwei der Enzymkomplexe der Atmungskette aktivieren: die Succinat-Ubichinon-Oxidoreduktase und die Cytochromoxidase (STACPOOLE, 1977).
Über die Aktivierung der Cytochromoxidase bewirkt die „Pangamsäure" eine Stimulierung der Atmungskette, des Citratzyklus und damit des gesamten aeroben Metabolismus (KREBS et al. 1954; STACPOOLE, 1977; REVSKOY, 1969). LENKOVE (1969) konnte nach Gabe von „Pangamsäure" an gesunden Ratten eine Erhöhung der Cytochromoxidase- und Succinatdehydrogenase-Aktivität im Herz- und Skelettmuskel- sowie im Lebergewebe beobachten. Diskutiert wird z.B. eine Erhöhung der Affinität der Cytochromoxidase für molekularen Sauerstoff nach Art eines allosterischen Regulators, wodurch auch geringe Konzentrationen an Sauerstoff in den Mitochondrien besser ausgenutzt werden sollen.

Problemstellungen

Das Ziel der Arbeit ist es, die Rolle von Coenzym Q_{10} und „Pangamsäure" als Antioxidantien bzw. als Wirkstoffe im mitochondrialen Elektronentransport vergleichend zu untersuchen.

Die Oxidation von LDL, die bei Diabetikern verstärkt beobachtet werden kann, wird als initialer Prozeß bei der arteriosklerotischen Erkrankung angesehen.

1. In dieser Arbeit soll die Rolle von Peroxynitrit bei der Initiierung der LDL-Oxidation untersucht werden. Hierzu wird das destruktive Potential von Peroxynitrit mit Fentontyp-Oxidatien verglichen sowie der Einfluß von Glucose und anderen OH-Radikalfängern auf die Peroxynitrit induzierte LDL-Oxidation getestet.

Endogene Antioxidantien bieten einen Schutz des LDL vor Oxidation und haben antiatherogene Eigenschaften.

2. Daher soll in der vorliegenden Arbeit der antioxidative Einfluß von Coenzym Q_{10} und eine mögliche kooperative Wirkung mit α-Tocopherol während der Oxidation des LDL näher charakterisiert werden. Weiterhin wird untersucht, ob biochemische Reduktionsmittel wie Dihydroliponsäure und Vitamin C oxidiertes Coenzym Q_{10} in die reduzierte Form konvertieren können.

3. Neben den Untersuchungen zum Coenzym Q_{10} soll ein möglicher antioxidativer Einfluß der „Pangamsäure" auf die Cu(II)- und ONOOH-induzierten Oxidation von LDL überprüft werden. Da in der Literatur widersprüchliche Aussagen über die Struktur der „Pangamsäure" gemacht werden, wurde, vor den biochemischen Untersuchungen, die hier vorliegende, als „Pangamsäure" deklarierte Substanz mittels spektroskopischer Methoden identifiziert.

4. Zusätzlich zu den Untersuchungen zur antioxidativen Wirkung von Coenzym Q_{10} und „Pangamsäure" sollen Messungen an isolierten Rattenleber-Mitochondrien Aufschluß über den Einfluß der Testsubstanzen auf die oxidative Phosphorylierung geben. Dabei wird die Wechselwirkung mit der Cytochromoxidase näher untersucht.

2 Material und Methoden

2.1 Material

2.1.1 Chemikalien

Sigma, Deisenhofen

Substanz	Art.Nr.
L-Ascorbinsäure	A-1417
1-Aminocyclopropancarbonsäure (ACC)	A-3903
Agarose	A-4679
Bisacrylamid	M-7256
Eisen(II)sulfat-7-hydrat	F-7002
Ethylendiamintetraessigsäure, Natriumsalz (EDTA)	ED255
Glycin	G-7126
Hämoglobin	H-7379
α-Keto-4-S-methylbuttersäure (KMB)	K-6000
α-Linolensäure	L-2376
Natriumarsenit	S-1631
Natriumborat	B-9876
Natriumdodecylsulfat (SDS)	L-5750
Natriumnitrit	S-2252
Nicotinamidadenindinucleotid, reduziert (β-NADH)	N-8129
Rinderserumalbumin (BSA)	A-2153
Superoxiddismutase EC 1.15.1.1 aus Rindererythrocyten	S-2515
D,L-α-Tocopherol	T-4389
Trichloressigsäure	T-4885
Tris-hydroxymethyl-amino-methan (Tris)	T-1503

2 Material und Methoden

Merck, Darmstadt

Substanzen	Art.Nr.
Ammoniumperoxodisulfat (APS)	1201
Bisacrylamid	10897
Borsäure	165
Bromphenolblau	8122
Chloroform p.a.	2442
di-Natriumhydrogenphosphat, suprapur	1.06566.0100
di-Natriumhydrogenphosphat-2-hydrat	6580
Essigsäure	63
Ethanol, ACS, ISO	1.009832.2500
Glucose	8342
Glycerin	4094
Harnsäure	817
Kaliumbromid, zur Analyse, ACS	1.04905.0500
Kaliumhexacyanoferrat $K_3(Fe(CN)_6)$	4973
Kupfer(II)sulfat-5-hydrat	2790
Mangansulfat-1-hydrat	5963
Mannit	5987
Methanol, ACS, ISO	1.006009.2500
N´,N´-Methylen-bis-acrylamid (TEMED)	10732
Natriumacetat	6268
Natriumchlorid	6404
Natriumchlorid, suprapur	1.06406.0050
Natriumdihydrogenphosphat-1-hydrat	6346
Natriumdihydrophosphat, Suprapur	1.06370.0050
Natriumdithionit	6507
Natriumhydroxid	6498
n-Hexan	1.04367.2500
ortho-Phosphorsäure 99% p.a., krist.	6346
Perjodsäure	524
Sacharose	1.07687.1000

Salpetersäure	456
Salzsäure	1.00319.2500
Schwefelsäure	731
Sudanblack	1387
2-Thiobarbitursäure (TBA)	8180
D,L-Tryptophan	8397
Wasserstoffperoxid	8597

Aldrich, Steinheim

Substanzen	Art.Nr
Citronensäure 99%	24,062-1

FLUKA, Neu-Ulm

Substanzen	Art.Nr
Barbitursäure	11710
Natriumbarbiturat	11715

Bio-Rad, München

Substanzen	Art.Nr
Acrylamid	161-0101
Coomassie Blue	161-0406
Protein-Assay-Farbkonzentrat	500-0006

2 Material und Methoden

Messer Griesheim

Substanzen	Art.Nr
Ethen-Prüfgas (1 ml = 248,10 pMol bei 1atm)	1056
Stickstoff, Qualität 5.0	11715
Wasserstoff, Qualität, 5.0 Synthetische Luft	

Boehringer, Mannheim

Substanzen	Art.Nr
Katalase EC 1.11.1.6 aus Rinderleber	106810

Die Firma AQUANOVA; Getränketechnologie, Mannheim, stellt zur Verfügung:

Substanzen	MG (g/mol)
Emulgator (zum Lösen des Ubichinon)	
Natriumpangamat	
Ubichinon	863,4

Die Fa. ASTA Medica, Frankfurt stellt zur Verfügung

Substanzen	Mg (g/mol)
α-Liponsäure	206,3
Dihydroliponsäure	208,3

2.1.2 Geräte

pH-Meter	Orion Research 701 A, Bachhofer
Photometer	Kontron Uvikon Modell 930 Thermostat 2209 Multitemp, Pharmacia LKB Bromma
Fluoreszenz- spektrophotometer	Modell F-4500, Hitachi
Kapillarelektrophorese	P/ACE System 5510, Beckman Detektor: Dioden array Typ Software: System Gold
HPLC-Anlage	**Solvent Delivery Module** Typ 112 (Gradientenanlage mit 2 Pumpen), Beckman **Hochdruckmischkammer und Injektor** (20µl Probenschleife) ALTEX 210 A Valve, Beckman **Organizer** Typ 340, Beckman **System Controller** Model 420, Beckman **Säulen:** s. Methodenteil **Säulen-Thermostatisiereinheit**, Waters **Festwellendetektor** Typ 160 (Filter für 254 nm bzw. 280 nm), Beckman **Integrator** Chromatopac C-R1B, Shimadzu **126 NM Solvent Module** 166 Detektor Software: System Gold
Gaschromatographen	**Varian Aerograph 1400** mit Shimadzu Integrator Säule: 1/8 Zoll x 100 cm Aluminiumoxid Säulentemperatur: 80°C

	Injektiontemperatur: 60°C
	FID-Detektortemperatur: 225°C
	Trägergas; N_2 (25 ml/min)
	Brenngase: H_2 (25 ml/min)
	synth. Luft (80% N_2, 20% O_2) (250 ml/min)
	Eichgas: Ethen-Sonderabfüllung, 1ml = 248,1 pmol bei 1 bar
	Star 3400 CX, varian
	Betriebsbedingungen wie oben
	Software: Varian Star 3.0
Zentrifugen	Biofuge A, Haereus Christ
	Minifuge RF, Haereus Sepatech
Ultrazentrifuge	Optima LE-70, Beckman
	Swinging Bucket Rotor SW 40 Ti
Modular MiniPROTEAN II Elektrophoresis System	Kammer
	Haltungen für zwei Gele
	Glasplatten: innen 10,2 x 7,3 cm
	außen 10,2 x 8,3 cm
	10-Loch-Kämme
	Spannungsgeber PowerPac 300, BioRad
Feinwaage	Modell 2474, Sartorius
Labor Wien (Prof. Nohl): Photometer	DW-2000TM UV-VIS Spectrophotometer der Firma SLM-Amico (Rochester, N.Y., USA)
Sauerstoffelektrode	Modell RE K 1-1, Oxytec
	Thermostat DC, Haake

Versuchstiere	männliche Ratten
	Stamm: Him:OFA/SPF
	Haltung: offene Haltung im Versuchstierstall (PEC-Käfige)
	Altromin-Haltungsfutter Nr. 1324 FF (Fa. Marek, Wien)
Labor München (Prof. Steglich):	NMR IR Massenspektrometer

2.1.3 Puffer- und andere Lösungen

0.2 M Phosphatpuffer pH 7,4	Lösung A: 0,2 M Natriumdihydrogenphosphat
	Lösung B: 0,2 M Dinatriumhydrogenphosphat
	Der pH-Wert wird mit Lösung A eingestellt.
Trennpuffer HPCE	Lösung A: 0,05 M Natriumdihydrogenphosphat
	Lösung B: 0,05 M Dinatriumhydrogenphosphat
	Der pH-Wert wird mit Lösung A auf pH 6,2 eingestellt.
PBS (phosphat bufferd saline)	9 g NaCl
	100 ml Phosphatpuffer (0,2 M, pH 7,4)
	ad 1 l aq. bidest.
Dichtelösungen	A 40,0 g KBr →d=1,080 g/ml
	0,5 g EDTA
	ad 500 ml aq bidest.
	B 25,0 g KBr →d=1,050 g/ml
	0,5 g EDTA
	ad 500 ml aq. bidest.

	C 0,5 g EDTA →d=1,000 g/ml ad 500 ml aq. bidest.
Sudanblack	200 mg Sudanblack werden in 5 ml Ethanol, 3 ml 87% Glyzerin und 2 ml aq. bidest gelöst.
Barbitursäurepuffer pH 8,6	Lösung A: 0,1 M Barbitursäure Lösung B: 0,1 M Natriumbarbiturat Der pH-Wert wird mit Lösung A eingestellt.
Probenpuffer	1,0 ml 0,5 M TrisHCl pH 6,8 0,8 ml Glycerol 1,6 ml 10% SDS 0,4 ml β-Mercaptoethanol 0,2 ml 0,05% Bromphenolblau ad 8 ml aq. bidest.
Sammelgelpuffer	0,5 M Trizma-Base Der pH wird mit HCl_{konz} auf pH 6,8 eingestellt.
Trenngelpuffer	1,5 M Trizma-Base Der pH-Wert wird mit HCl_{konz} auf pH 8,8 eingestellt.
Elektrophoresepuffer	12,1 g Tris 57,6 g 0,192 M Glycin 40 ml 10% SDS ad 4 l aq. bidest. Der pH-Wert wird mit HCl_{konz} auf pH 8,4 eingestellt.
Präparationspuffer	0,25 M Saccharose (85,6 g/l) 20 mM TRAP (Triäthanolamin 3,71 g/l) 1 mM EDTA (372 mg/l) → mit KOH bei 4°C auf pH 7.4 einstellen.

Messpuffer (Sauerstoffelektrode)	50 ml Präparationspuffer + 25 mg BSA → KOH bei 25°C auf pH 7.4 einstellen.
BIURET-Reagenz	3 g/l Kupfersulfat-5-Hydrat 9 g/l Natrium-Kalium-Tatrat 5 g/l Kaliumiodid 8 g/l Natriumhydroxyd p.a. → Substanzen einzelnd anlösen und zusammengießen (Reihenfolge!)
TCA-Reagenz	3 M Trichloressigsäure (12,254 g/25 ml aq. bidest.)

2.1.3.1 Herstellung einer wäßrigen Ubichinon- oder α-Tocopherol-Lösung

Die wäßrige Lösung von Ubichinon bzw. α-Tocopherol wird mit Hilfe eines Emulgators nach dem Verfahren der Firma AQUANOVA (Patent) hergestellt. Die klare, im Fall von α–Tocopherol, milchig weiße Lösung wird im Kühlschrank lichtgeschützt aufbewahrt.

2.1.3.2 Herstellung einer wäßrigen Peroxynitrit-Lösung

Peroxynitrit wird nach der Methode von Beckmann hergestellt (BECKMANN et al., 1994). Dazu werden 5 ml einer 0,7 M Wasserstoffperoxid-Lösung in HCl (0,6 M) mit 5 ml einer 0,6 M NaNO$_2$-Lösung im Eisbad gemischt. Nach einer Sekunde werden 5 ml einer eiskalten 1,2 M Natriumhydroxidlösung zugegeben. Während der Reaktion färbt sich die Reaktionslösung gelb. Der Reaktionsansatz wird bei -20°C über Nacht eingefroren. Die obere, flüssige, intensiv gelbe Schicht wird abgehebert und bei -20°C im Gefrierschrank aufgehoben (sie hält sich bis zu einer Woche). Vor jedem Gebrauch wird die Konzentration an Peroxynitrit photometrisch bestimmt (302 nm, $\varepsilon_{302}=1670$ M^{-1}cm^{-1}).

2.2 Methoden

2.2.1 Methoden zur Strukturaufklärung der „Pangamsäure"

2.2.1.1 Aufschluß organischer Verbindungen für den Halogennachweis

Ungefähr 20 mg Substanz werden in einem Glühröhrchen mit metallischem Natrium über der Sparflamme des Bunsenbrenners bis auf dunkle Rotglut erhitzt. Das glühende Röhrchen wird dann in ca. 5 ml destilliertes Wasser getaucht. Das Glühröhrchen zerspringt und die wässerige Lösung der Natriumsalze wird zum Nachweis der Halogene abfiltriert.

Die Halogene werden nach dem Ansäuern der Lösung (Salpetersäure) mit Silbernitrat nachgewiesen. Der Silberhalogenidniederschlag wird filtriert, gründlich gewaschen und in Wasser suspendiert. Bildet sich nun über dem Niederschlag nach Zugabe von $K_3[Fe(CN)_6]$-Lösung und einigen Tropfen Ammoniak (3 %ig) eine braune Schicht $Ag_3[Fe(CN)_6]$, kann davon ausgegangen werden, daß es sich um einen Silberchlorid-Niederschlag gehandelt hat, da bei diesen Bedingungen nur Silberchlorid in Ammoniak löslich ist.

2.2.1.2 Kernresonanz-Spektroskopie (NMR)

Die NMR-spektroskopischen Messungen wurden im Labor von Professor Steglich von Frau Helwig durchgeführt. Bei der NMR-Analyse ist die Wahl des geeigneten Lösungsmittel für die Messung wichtig, da die chemische Verschiebung abhängig ist von der Polarität des Lösungsmittels. Signale der Protonen von Hydroxyl-, Amin- und Carboxyl-Gruppen u. a. verschwinden durch Austausch mit Deuterium aus dem Lösungsmittel. Da ein Teil des „Pangamsäure"-Gemischs nur in Wasser löslich ist, sind hier durch den Austausch mit dem Lösungsmittel D_2O keine Signale für diese Art der Protonen sichtbar. Dadurch vereinfacht sich das Protonenspektrum.

2.2.1.3 Infrarot-Spektroskopie

Auch die Infrarot-spektroskopischen Aufnahmen wurden von Frau Helwig durchgeführt.
Die Substanzen wurden im festen Zustand als KBr-Preßlinge vermessen. Dazu wurde die Testsubstanz mit der ca. 50-fachen Menge Kaliumbromid in einer kleinen Achat-Reibschale innig vermischt und anschließend in einer hydraulischen Presse unter Vakuum komprimiert. Dabei sintert das Material unter kaltem Fluß zu einer durchsichtigen, einkristallähnlichen Tablette. Im Spektrum des reinen KBr-Preßlings findet man immer eine schwache OH-Bande bei 3450 cm^{-1}, da Feuchtigkeitsspuren im hygroskopischen Kaliumbromid kaum auszuschließen sind.

2.2.1.4 Kapillarelektrophorese (HPCE)

Bei der Kapillarelektrophorese läßt sich im Prinzip mit einer „fused silica"-Kapillare, einer Hochspannungsversorgung, zwei Elektroden, zwei Pufferreservoirs und einem on-column Detektor eine ladungsbedingte Substanz-Trennung und Quantifizierung durchführen. Moderne HPCE-Geräte sind zusätzlich mit einem Probengeber, einem Fraktionssammler, einem hydrodynamischen Injektionssystem und einer effektiven Kapillarthermostatisierungseinheit ausgerüstet.

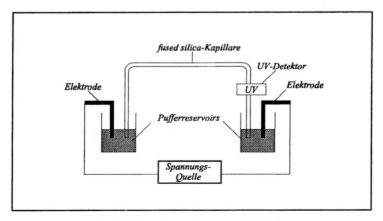

Abb. 10: Schematischer Aufbau einer HPCE-Anlage

Mittels HPCE kann das Pangamsäuregemisch aufgetrennt werden. Dazu wurde folgende Methode ausgearbeitet:

Trennpuffer:	Phosphatpuffer pH 6,4, 50 mM
Säule:	fused silika-Kapillare ⌀ 75 µM Länge: 2 m
Detektor:	Diodenarray Typ Aufnahmewellenlänge 200 nm

2.2.2 Gaschromatographische Bestimmung von Ethen (v. KRUEDENER et al., 1995)

Verschiedene Indikatormoleküle wie z.B. 2-Keto-4-S-methylbuttersäure (KMB) und 1-Aminocyclopropan-1-carbonsäure (ACC) zerfallen beim Angriff verschiedener reaktiver Sauerstoffspezies unter Freisetzung von Ethen. Dieses freigesetzte Ethen wird mit kurzen Aluminiumoxid-Säulen bestückten Varian Gaschromatographen des Typs Varian Aerograph 1400 und Varian GC 3300 nachgewiesen, die mit FID (Flammenionisationsdetektoren) ausgerüstet sind. Für ihre Identifizierung bedient man sich der sog. Head-space-Technik. Aus gasdicht verschlossenen, volumengeeichten Reagenzgläsern wird nach Inkubation des Testsatzes 1 ml Gas mit einer Insulinspritze (Microfine II, Fa. Plastipac) durch den Gummistopfen entnommen und zur Analyse in den Gaschromatographen (GC) injiziert. Die Ethenmenge wird mit Hilfe folgender Formel ausgerechnet:

$$\frac{Area \cdot (Gesamtvolmen - Probenvolumen)}{Eichfaktor} = Ethen \, (pmol)$$

Der Eichfaktor wird täglich mittels Prüfgas neu ermittelt.

2.2.2.1 KMB-Fragmentierung durch Peroxynitrit

Das destruktive Potential von Peroxynitrit, welches physiologisch in einer schnellen Reaktion des Superoxidradikalanions mit Stickstoffmonoxid gebildet wird, kann anhand der Fähigkeit zur Fragmentierung von KMB untersucht werden. Peroxynitrit wird auf zwei verschiedene Arten hergestellt:

- ◆ durch Reaktion einer sauren Wasserstoffperoxid-Lösung mit Nitrit (siehe Material und Methoden Kapitell 1.1.3.1)
- ◆ durch den Zerfall von 3-Morpholinosydnonimin (Sin1), wobei das Superoxidradikalanion und Stickstoffmonoxid simultan gebildet werden, die in einer sehr schnellen Reaktion zu Peroxynitrit weiterreagieren.

Da die Ethenfreisetzung aus KMB eine relativ unspezifische Detektionsmethode für reaktive Spezies darstellt, werden für eine genauere Bestimmung der reaktiven Spezies der Effekt von verschiedenen Enzymen (SOD, Katalase), spezifischen Radikalfängern, Eisenionen und Eisenchelatoren auf die gebildete Ethenmenge untersucht.

Testansatz:

Phosphatpuffer (pH 7,4)	0,1 M
KMB	1,5 mM
Sin1/ONOOH	siehe Ergebnisteil
versch. Hemmstoffe	siehe Ergebnisteil
→ ad 2 ml aq. bidest. Inkubation: 30 min, 37°C im Dunkeln	

2.2.2.2 Fenton-System

Das Fenton-System stellt eine sehr einfache Möglichkeit zur chemischen Sauerstoffaktivierung dar. Unter der von Fenton 1894 zum ersten mal beschriebenen Reaktion versteht man die reduktive Spaltung von Wasserstoffperoxid zum Hydroxylradikal durch Eisen II-Salze. Dieses Hydroxylradikal kann mit nahezu allen organischen Molekülen rasch reagieren.

Das Ausgangsverhältnis von Wasserstoffperoxid zu Eisen II ist entscheidend für den Verlauf der weiteren Reaktion. Bei überschüssigem Wasserstoffperoxid setzen sich die intermediär gebildeten Hydroxylradikale zusätzlich mit diesem zu Hydroperoxyl-Radikalen um, welche ihrerseits von den entstehenden Eisen III-Ionen zu Sauerstoff oxidiert werden.

Fenton-Reaktion:

$$Fe^{2+} + H_2O_2 \longrightarrow Fe^{3+} + OH^- + OH^\bullet$$

Folgereaktionen:

$$OH^\bullet + H_2O_2 \longrightarrow HO_2^\bullet + H_2O$$
$$HO_2^\bullet + Fe^{3+} \longrightarrow Fe^{2+} + H^+ + O_2$$
$$2H_2O_2 \xrightarrow{Fe^{2+/3+}} O_2 + 2H_2O$$

Testansatz:

Phosphatpuffer (pH 7,4)	0,1 M
KMB	1,5 mM
H_2O_2	4 µM
$FeSO_4$	4 µM
versch. Hemmstoffe	siehe Ergebnisteil
→ ad 2 ml aq. bidest. Inkubation: 30 min, 37°C im Dunkeln	

2.2.3 LDL-Isolierung und -Analyse

2.2.3.1 LDL Präparation

Das für die folgenden Versuche verwendete Material (Blut) stammt von einem gesunden männlichen Spender (58 Jahre alt, 88 kg) ohne bekannte chronische Leiden, Krankheiten der

Herzkranzgefäße, Diabetes oder Fettstoffwechselstörungen. Außerdem konnte die Einnahme von Medikamenten, die den Lipidstoffwechsel beeinflussen, ausgeschlossen werden.

Tab. 2: Blutanalysenwerte

	gemessene Werte	normale Werte
Cholesterin	305 mg/dl	120-240 mg/dl
Triglyceride	246 mg/dl	74-172 mg/dl
HDL-Cholesterin	54 mg/dl	> 35 mg/dl
LDL-Cholesterin	202 mg/dl	bis 170 mg/dl
Harnsäure	9,17 mg/dl	2,0-7,0 mg/dl

Die Blutabnahme (400-500 ml) erfolgt in eine Polystyrolflasche; zu 100 ml Blut werden sofort 4 ml EDTA-Lösung (500 mg/20 ml Phosphatpuffer) zugesetzt. Der Gehalt an EDTA beträgt dann 1 mg/ml Blut. Während der folgenden Stunde erfolgt die Plasmapräparation: Die Blut-Zellen werden bei 3000 Upm und 10°C in 25 min sedimentiert. Das Plasma kann nach Zugabe von 6% Saccharose bei -80°C unter Stickstoff bis zu 6 Monate aufbewahrt werden.

Die LDL-Isolierung aus dem Blutplasma erfolgt mittels Dichtegradienten-Ultrazentrifugation (GIESEG und ESTERBAUER, 1994). Hierzu werden 3-4 ml Plasma vorsichtig mit KBr auf eine Dichte von 1,41 g/ml eingestellt und in einer Beckman Polyallomer Zentrifugen Tube (14 x 89 mm, No 331372) nacheinander mit je ca. 2,5 ml der Dichtelösungen A (1,080 g/ml), B (1,050 g/ml) und C (1,000 g/ml) überschichtet. Nach 22 bis 24 Stunden Zentrifugation bei 40.000 Upm und 10°C erhält man in der Regel über dem Plasmarest drei gut voneinander getrennte Banden: zuunterst HDL, darüber LDL und an der Oberfläche VLDL und Chylomikronen. Die orange gefärbte LDL-Bande wird abgezogen und sterilfiltriert (Nalgene 0,22 µm-Filter). Das LDL kann bis zu drei Wochen im Kühlschrank aufbewahrt werden. Vor Gebrauch werden die LDL-Proben über eine EconoPac DG-10 Gelfiltrationssäule von BioRad entsalzt (EDTA-Entfernung).

2.2.3.2 Proteinbestimmung

Die Konzentration an LDL in einer Probe bestimmt man anhand ihres Proteingehaltes. Das Standard-Schnellverfahren der Firma BioRad (siehe Material) beruht auf der Absorptionsmaximumsverschiebung einer sauren Coomassie Brillant Blue G-250-Lösung durch Komplexbildung mit Proteinen von 465 nm nach 595 nm. Für den hier verwendeten Micro-Assay werden 10 µl Probenlösung (bzw. Rinderserumalbumin (RSA) als Standard) mit 200 µl unverdünnter Reagenzlösung und 790 µl aq. bidest. versetzt. Nach 15 min Inkubation bei Raumtemperatur wird die optische Dichte bei 595 nm gegen Luft gemessen. Die Quantifizierung erfolgt mit Hilfe einer BSA-Eichgerade.

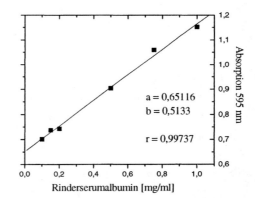

Abb. 11: Eichgerade für die Proteinbestimmung

2.2.3.3 SDS-Polyacrylamid-Gelelektrophorese

Die Reinheit der LDL-Proben wurde mit Hilfe der Polyacrylamidgelelektrophorese (PAGE) untersucht. Mittels SDS-PAGE werden Proteine nach ihrer Molekülgröße aufgetrennt. Das anionische Detergenz Natriumdodecylsulfat (SDS) bindet an hydrophobe Regionen von Proteinen, durch die hierdurch bedingte Spaltung von Wasserstoffbrückenbindungen erfolgt eine Denaturierung der Polypeptidketten. Mit SDS denaturierte Proteine besitzen noch zum Teil eine globuläre Struktur mit einem großen Anteil an nativen Strukturelementen, da vorhandene Disulfidbrücken nicht gespalten werden. Zur vollständigen Auflösung der Tertiärstruktur müssen reduzierende Thiolreagenzien wie z. B. 2-Mercaptoethanol zur Probe hinzugefügt werden. Die Anzahl negativer Ladungen des Komplexes aus SDS und denaturiertem Protein verhalten sich ungefähr proportional zur Masse der Proteine. Bei der Elektrophorese im Polyacrylamidgel, welches wie ein Molekülsieb funktioniert, sind die relativen Mobilitäten proportional zum Logarithmus der Proteinmolekülmasse. Parallel aufgetragene Markerproteine ermöglichen die Bestimmung der Molekulargewichte von Proteinen.

Durch Variation der Polyacrylamidkonzentration ist die Porengröße und damit der Siebeffekt des Gels beeinflußbar. Bei der sogenannten Disk-Elektrophorese wird in einem großporigen Sammelgel durch Puffersubstanzen ein starkes lokales elektrisches Feld hervorgerufen, wodurch die Proteine beschleunigt und vor Eintritt in das engerporige Trenngel in einer scharfen Startbande angereichert werden. Um Gemische mit einem breiten Molekulargewichtsspektrum aufzutrennen empfiehlt es sich Gele mit Zonen unterschiedlichen Vernetzungsgrades zu benutzen.

Bei der Herstellung der Gele beginnt man mit der Lösung höchster Polyacrylamidkonzentration. Nach deren Polymerisation werden die folgenden Gele in absteigender Konzentration darüber gegossen. Ein in das Sammelgel eingeführter Kunststoffkamm bildet die Probentaschen.

Tab. 3: Polymerisationslösungen für 4-, 9- und 14%ige Polyacrylamidgele

	Puffer [ml]	30%Acrylamid / 0,8%Bisacrylamid [ml]	aq. bidest [ml]	10% SDS [µl]	10% APS [µl]	TEMED [µl]
14%iges Gel (Trenngelpuffer)	1,00	1,88	1,12	40	20	3
9%iges Gel (Trenngelpuffer)	1,00	1,20	1,80	40	20	3
4%iges Gel (Sammelgelpuffer)	1,00	0,52	2,48	40	20	3

Vor Auftragung auf das Gel werden die Proben (1 mg Protein/ ml) 1 : 1 mit SDS-Mercaptoethanol-Probenpuffer gemischt und vier Minuten gekocht. Die Lauffront wird durch Bromphenolblau markiert. In die Geltaschen werden je 15 µl eingebracht. Die elektrophoretische

2 Material und Methoden 37

Trennung erfolgt in ca. 80 min bei 60 mA. Alle LDL-Präparationen waren frei von Kontaminationen mit anderen Lipoproteinen wie HLDL und VLDL und wiesen nur geringfügige Verunreinigungen mit niedermolekularen Proteinen auf.

2.2.3.4 Trennung und Bestimmung lipophiler Substanzen mittels HPLC

Die reversed phase (RP) HPLC stellt eine Form der hochauflösenden Flüssigkeitschromatographie dar, bei der chemisch modifizierte Kieselgele als Säulenfüllmaterialien zum Einsatz kommen, die lipophile, meist C_8 (n-Octyl)- oder C_{18} (n-Octadecyl, ODS) Einheiten tragen. Die Komponenten eines zu trennenden Substanzgemisches absorbieren mit zunehmend lipophilem Charakter stärker an das Säulenmaterial, so daß sich die Retentionszeit dementsprechend verlängert.

Da α-Tocopherol und vor allem Ubichinol und Ubichinon einen lipophilen Charakter haben, kann ihre Auftrennung und Quantifizierung nebeneinander aus Gemischen „reversed phase"-chromatographisch erfolgen (Abb. 12).

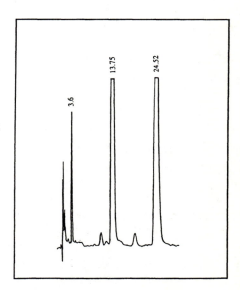

Abb. 12: HPLC-Chromatogramm von LDL-Extrakt in Ethanol (α-Tocopherol 3,6 min, Ubichinol 13,75 min, Ubichinon 24,52 min)

Für die Trennung gelten folgende Parameter:

Laufmittel	**A** Methanol : Isopropanol (4 : 1)
	B Methanol
Fluß	1 ml/min
Probenschleife	20 µl
Säule	Nucleosil 300, ODS, 7µm Korngröße, 125 x 4,6 mm
Detektor	Festwellenlängenphotometer mit 280 nm Filter, Range 0,02

Zur Quantifizierung von α-Tocopherol, Ubichinon und Ubichinol werden Eichgeraden erstellt.

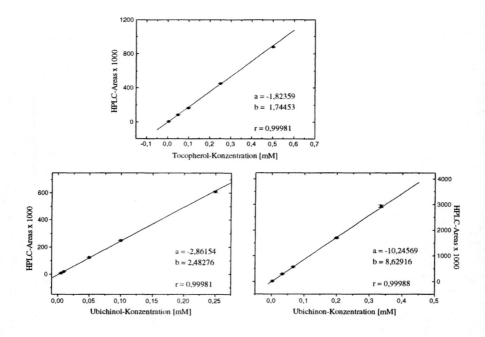

Abb. 13: Eichgeraden für die α-Tocopherol-, Ubichinol- und Ubichinon-Bestimmung

Um große Schwankungen im Antioxidantiengehalt der LDL-Proben, die zu Fehlinterpretationen der Ergebnisse führen können, auszuschließen, wurden alle Präparationen auf ihren Antioxidantiengehalt hin untersucht.

Eine erste Charakterisierung von isoliertem LDL erhält man durch Aufnahme seines Spektrums: Der Peak bei 294 nm ist auf den α-Tocopherolgehalt zurückzuführen, derjenige bei 466/497 nm auf den β-Carotingehalt. Ubichinon absorbiert bei 280 nm und 325-400 nm, ist jedoch nur in sehr geringen Mengen im LDL enthalten.

2.2.3.5 Anreicherung und Extraktion lipophiler Substanzen im LDL

Zur Anreicherung von lipophilen Substanzen im LDL wird Humanserum 6 Stunden mit einer wäßrigen Lösung von Ubichinon, Ubichinol oder α−Tocopherol (verschiedene Konzentrationen) bei 37°C inkubiert und anschließend das LDL durch Dichtegradienten-Ultrazentrifugation isoliert. Vor der chromatographischen Quantifizierung müssen α-Tocopherol und Ubichinon aus dem Lipidkern des LDLs extrahiert werden. Hierzu werden 500 µl LDL-Lösung mit 500 µl eiskaltem Ethanol versetzt, damit der Proteinanteil (ApoB-100) des LDL-Partikels ausfällt. Dann erfolgt die Extraktion mit 1 ml eiskaltem n-Hexan (60 sec vortex). Nach erfolgter Phasentrennung (durch Zentrifugation der Probe) werden 900 µl der Hexanphase abgenommen. Nach Abblasen des Lösungsmittels wird der Rückstand in 100 µl Ethanol gelöst und zur Analyse in die HPLC (Trennparameter siehe oben) eingespritzt.

Der jeweilige Gehalt an α-Tocopherol bzw. Ubichinon oder Ubichinol pro LDL-Molekül berechnet sich wie folgt:

$$Sub.-Konz\ [mol/l] \cdot \frac{Ethanolphase\ [ml]}{Hexanphase\ [ml]} \cdot \frac{Probenvolumen\ [l]}{Probenmenge\ [mol]} = \frac{Sub.\ [Mol]}{LDL\ [Mol]}$$

2.2.3.6 Reduktion von Ubichinon durch Borhydrid

2 ml einer Ubichinonlösung (10 mM) werden mit 500 µl einer Natriumborhydridlösung (40 mM in Wasser) versetzt und ca. eine Stunde bei 37°C bis zur vollständigen Weißfärbung (suspensionsartige Lösung) der gelben Ubichinonlösung inkubiert.

2.2.4 Untersuchungen zur Oxidierbarkeit von LDL

2.2.4.1 Agarosegelelektrophorese

Eine oxidationsbedingte Zunahme der negativen Ladung am ApoB-100-Teil kann anhand der elektrophoretischen Mobilität von LDL-Partikeln auf Agarosegelen bestimmt werden (COPPER, 1983). Verschiedene LDL-Präparationen (Ubichinon-, Ubichinol- oder α-Tocopherol-angereichertes LDL oder Kontroll-LDL) werden entsalzt und 30 µg Protein unter verschiedenen chemischen Bedingungen (Cu(II) 3 µM, Sin1 und ONOOH: 10 µM-1 mM, verschiedene Testsubstanzen) 24 Stunden bei 37°C, pH 7,4 (PBS) oxidiert. Anschließend werden die Proben zur Fixierung mit dem halben Volumen Sudan-Black-Lösung versetzt und vor Auftrag auf das Gel 15 Minuten bei Raumtemperatur inkubiert.

Um ApoB-100-Modifikationen von LDL zu bestimmen, benötigt man Gele mit einem Agarosegehalt von 0,8 % in 0,05 M Barbitursäurepuffer pH 8,6. Die elektrophoretische Trennung erfolgt bei 40 mA in Barbitursäurepuffer pH 8,6 in ca. 45 Minuten. Dieses Verfahren macht eine anschließende Gelfärbung unnötig. Die Gele werden nach dem Elektrophoreselauf photokopiert und die Rf-Werte (relative elektrophoretischen Mobilitäten) dokumentiert. Abb. 14 zeigt ein solches Agarosegel, aufgetragen sind vier verschiedene unbehandelte LDL-Proben aus unterschiedlichen Plasmapräparationen vor und nach der Oxidation mit Cu(II). Alle vier LDL-Proben zeigen gleiche elektrophoretische Eigenschaften.

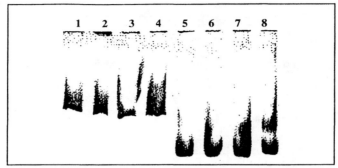

Abb. 14: Relative elektrophoretische Mobilität von vier verschiedenen LDL-Präparationen auf Agarosegel
1-4 LDL ohne Cu(II), 5-6 LDL + 3 µM Cu(II)

2.2.4.2 Bildung konjugierter Diene (Dienkonjugation)

Durch Inkubation von LDL-Lösungen mit Cu(II) oder anderen Oxidantien wird deren Oxidation unter Bildung konjugierter Diene, welche photometrisch verfolgt werden können, induziert. Verschieden vorbehandelte (α-Tocopherol-, Ubichinol- oder Ubichinon-angereichert) LDL-Präparationen werden entsalzt und 25 µg Protein/ml PBS in einem thermostatisierten Küvettenhalter bei 37°C durch Cu(II) (1,67 µM), ONOOH (5-20 µM) oder Sin1 (10 µM) oxidiert. Die Absorptionsänderung bei 234 nm wird alle 5 Minuten spektralphotometrisch erfaßt.

Abb. 15 zeigt den typischen Kurvenverlauf für die Cu(II)-induzierte Bildung konjugierter Diene. Auf eine Lag-Phase A, in der endogene Antioxidantien verbraucht werden, folgt eine Propagationsphase B. Hier wird, während vielfach-ungesättigte Fettsäuren zu Lipidhydroperoxiden oxidiert werden, die maximale Dienbildungsrate erreicht. In der Dekompositionsphase C zerfallen die oxidierten Substrate in Aldehyde und andere Produkte wie Kohlenwasserstoffgase, Epoxide und Alkohole. Ein Vergleich der Lagphasen und der Dienbildungsraten in der Propagationsphase beschreibt die unterschiedliche Oxidationsresistenz der LDL-Proben.

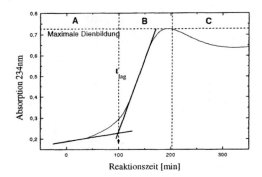

Abb. 15: Charakteristische Phasen der Cu(II)-induzierten LDL-Oxidation; Lagphasenbestimmung nach ESTERBAUER et al., 1993;

Abb. 16 zeigt die Cu(II)-induzierte Dienbildung von drei verschiedenen LDL-Präparationen im Vergleich. Es zeigt sich ein fast identischer Kurvenverlauf, d.h. die Lagphasen sind gleich lang.

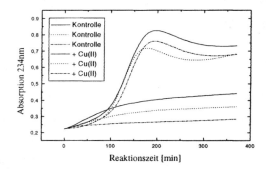

Abb. 16: Bildung konjugierter Diene in drei verschiedenen LDL-Präparationen durch Cu(II) (1,67 µM)

2.2.4.3 Tryptophanfluoreszenz

Durch Cu(II) kann die Fluoreszenz von Tryptophanresten des ApoB-100-Anteils von LDL gequencht werden. Aus dem Ausmaß des Quencheffekts ist auf die Zugänglichkeit dieser Aminosäurereste bzw. nahegelegener Cu-Bindungsstellen zu schließen (GIEẞAUF et al., 1995).

2 Material und Methoden 43

Zu unterschiedlichen, entsalzten LDL-Lösungen (0,1 µM LDL, 3 ml Ansatz, verschiedene Testsubstanzen im Ansatz) werden mehrmals hintereinander 10 µl einer Cu(II)-Lösung (600 µM) pipettiert. Die Fluoreszenz der Proben wird je zweimal gemessen (Ex 282 nm, Em 331 nm) um Geräteschwankungen auszugleichen. Während des Versuches ist darauf zu achten, daß sich die Küvette nicht ständig im Lichtweg befindet, da sonst eine Bleichung des LDL-Tryptophans eintritt.

Die Meßwerte werden um den Faktor für die Volumenänderung korrigiert und als % des Ausgangswertes gegen die Cu(II)-Konzentration i.A. aufgetragen.

Am Gerät sind folgende Parameter einzustellen:

5,0 nm/5,0 nm	Slit	0 sec	Delay Time
950 V	PMT Voltage	2,0 sec	Interagion Time

2.2.5 Isolierte Mitochondrien

Alle Versuche mit isolierten Rattenlebermitochondrien wurden im Labor von Professor H. Nohl (Veterinärmedizinische Universität Wien) unter Anleitung von Frau Katrin Staniek durchgeführt.

2.2.5.1 Präparation von Rattenlebermitochondrien

Den Versuchstieren wird vor dem Schlachten übernacht das Futter entzogen, um einen hohen Glycogengehalt in der Leber zu verhindern (Charakterisierung der Versuchstiere siehe Material).
Die entnommene Leber (~10 g) wird 2x mit Präp.-Puffer gewaschen, um das anhaftende Blut zu entfernen. Danach wird die Leber mit einer stumpfen Schere zerkleinert, und immer wieder mit Präp.-Puffer gewaschen (4-5x), um auch das aus Gefäßen austretende Blut zu entfernen. Danach wird die zerkleinerte Leber im Homogenisator (30 ml) homogenisiert. Nachdem der Kolben bis zum Boden getrieben wird, werden noch drei Hübe durchgeführt. Das Homogenisat wird auf 6 Zentrifugenbecher aufgeteilt (a 30 ml) und 10 min bei ca. 570xg (2500 upm mit Rotor SS-34) und 4°C zentrifugiert. Vor dem Umleeren in neue Zentrifugenbecher wird oben schwimmendes Fett mit Zellstoff entfernt und der Überstand über zwei Lagen Verbandsmull (Gaze) filtriert, damit kein Pellet nachrutscht. Das Pellet

wird verworfen. Danach wird der Überstand 10 min bei ca. 7400xg (9000 upm mit Rotor SS-34) und 4°C zentrifugiert. Der Überstand wird verworfen und das Pellet (Mitochondrien) mit ca. 2 ml Puffer und einem kleinen Teflonstab vorsichtig vom Zentrifugenbecher gelöst, in einen Homogenisator (15 ml) überführt und vorsichtig mit der Hand homogenisiert. Das Homogenat wird auf 4 Zentrifugenbecher aufgeteilt und 10 min bei ca. 7400xg zentrifugiert. Dieser Waschvorgang wird noch zweimal wiederholt und danach die Mitochondrien in 500-1000 µl Präp.-Puffer aufgenommen, im 2 ml Homogenisator mit der Hand homogenisiert und in 1,5 ml Eppendorf-Tubs abgefüllt und auf Eis aufbewahrt (ideale Konzentration bzw. Proteingehalt: 60-45 mg/ml) (nach: SZARKOWSKA und KLINGENBERG, 1963).

2.2.5.2 Proteinbestimmung von Mitochondrien

10 µl Mitochondriensuspension werden in 1 ml aqua bidest. pipettiert, 200 µl TCA-Reagenz zugegeben und das Reaktionsgemisch zehn Minuten bei Raumtemperatur inkubiert (Fällen der Proteine). Danach wird der Reaktionsansatz zentrifugiert (10 min, ca. 500xg, RT). Der Überstand wird verworfen und der Niederschlag in 2,5 ml BIURET-Lösung aufgenommen. Nach 10 Minuten Inkubation bei Raumtemperatur wird die Probe bei 547 nm am Photometer gemessen. Durch Zugabe von einer Spatelspitze KCN entfärbt sich die Lösung wieder, so daß man die Störung durch Trübungen ausschließen kann.

Messung:

Blindwert:
$$BW = E_1 - E_2$$
$$E_1 = Wasser + Biuretreagenz$$
$$E_2 = Wasser + Biuretreagenz + KCN$$

Probenwert:
$$PW = E'_1 - E'_2$$
$$E_1' = Probe + Biuretreagenz$$
$$E_2' = Probe + Biuretreagenz + KCN$$

Proteinkonz.: $$mg\,Prot/ml = |PW - BW| \times \frac{8750}{PV}$$

2.2.5.3 Bestimmung der Atmungsparameter der Mitochondrien mit der Sauerstoffelektrode

Mit Hilfe der Clark-Sauerstoffelektrode werden Atmungskontrolle und das P/O-Verhältnis für die Mitochondriensuspensionen bestimmt. Hierzu werden dem bei 25°C equilibrierten Meßpuffer nacheinander Mitochondrien, anorganisches Phosphat (4 µM), Substrat (Malat/Glutamat je 5 µM oder Succinat 10 µM) und ADP (208 µM) zugesetzt (Endvolumen ca. 550 µl) und jeweils die Sauerstoffverbrauchsraten ermittelt. Im Fall von Succinat als Substrat wird dem Reaktionsansatz noch Rotenon (5 µM) zugesetzt. Mit Hilfe der so ermittelten Verbrauchsraten werden das Atmungskontrollverhältnis (RC) und das P/O-Verhältnis (P/O) nach folgenden Formeln berechnet:

Atmungskontrollverhältnis:

$$RC = \frac{O_2 - Verbrauch\ in\ Anwesenheit\ von\ ADP}{O_2 - Verbrauch\ ohne\ ADP} = \frac{state\,4}{state\,3}$$

P/O-Verhältnis:

$$P/O = \frac{verbrauchte\ Mol\ ADP}{verbrauchte\ Mol\ \frac{1}{2}O_2}$$

2.2.5.4 Photometrische Messung des Redoxzustandes der Cytochromoxidase

Bei Reduktion verschiebt sich das Absorptionsmaximum des Cytochrom a der Cytochromoxidase. Der Anteil an reduzierter Cytochromoxidase kann daher photometrisch bei 606 nm bestimmt werden. Bei photometrischen Messungen von trüben Lösungen (Mitochondriensuspension) erhält man eine zu große Abweichung durch Streueffekte. Um diese Abweichung zu minimieren, mißt man neben der Absorption bei der gewünschten

Wellenlänge von 605 nm parallel die Absorption der Probe bei einer Wellenlänge (630 nm), bei der Cytochrom a nicht absorbiert (dual wavelength mode). Bildet man nun die Differenz aus beiden Absorptionen, hat man den Effekt der Trübung weitestgehend umgangen.

Testansatz:

Meßpuffer	917 µl
Rattenlebermitochondrien	1,13 mg/ml (Protein)
Testsubstanzen	siehe Ergebnisteil
anorg. Phosphat	4 µM
Malat/Glutamat,	je 5 µM
oder Succinat	10 µM
Dithionit	Spatelspitze (zum Ende der Messung)

→ Messung bei 37°C, 605/630 nm, Spaltbreite 2 nm

2.2.6 Statistische Auswertung der Meßergebnisse

Alle Testsysteme werden, wenn nicht anders vermerkt, an mindestens zwei Tagen mit frischen Reagentien und in jeweils mindestens drei Parallelansätzen ($n \geq 3$) durchgeführt. Die Meßwerte werden durch den arithmetischen Mittelwert *m* und die Standardabweichung σ_{n-1} des Mittelwertes angegeben, die sich nach folgender Formel berechnet:

$$\sigma_{n-1} = \sqrt{\frac{\sum x^2 - \left(\sum x\right)^2 / n}{n-1}}$$

Werden zwei Meßgrößen aufeinander bezogen (% Werte), so erfolgt die Berechnung der Standardabweichung wie folgt:
Zunächst werden die Standardabweichungen der einzelnen Meßgrößen als relative Standardabweichung (in %) ausgedrückt. Dann summiert man die Quadrate der relativen Standardabweichungen (Addition der relativen Varianzen) und zieht anschließend die Wurzel. Man

2 Material und Methoden

erhält die relative Standardabweichung (in %) der verrechneten Meßgröße, die sich leicht wieder in die absolute Standardabweichung umrechnen läßt.

Zum Beispiel sollen die Meßgrößen *A*, *B* und *C* in *% B* umgerechnet werden, d.h. die Meßgröße *B* entspricht ***100 %:***

$$A = 100 \pm 9 \quad B = 500 \pm 50 \quad C = 1000 \pm 75$$

Zuerst werden die relativen Standardabweichungen von den jeweiligen Meßwerten ausgerechnet:

$$A = 100 \pm 9\% \quad B = 500 \pm 10\% \quad C = 1000 \pm 7{,}5\%$$

Nun werden die relativen Verhältnisse der Mittelwerte zueinander verrechnet:

$$A = 20\%\,(B) \quad B = 100\%\,(B) \quad C = 200\%\,(B)$$

Die Standardabweichungen der auf *B* bezogenen Meßgrößen berechnen sich:

$$A(\%B) = \sqrt{9^2 + 10^2} = \sqrt{181} = 13{,}45\% \Rightarrow s.d = 20(\%B) \bullet 0{,}1345 = 2{,}69\,(\%B)$$
$$C(\%B) = \sqrt{7{,}5^2 + 10^2} = \sqrt{156{,}25} = 12{,}5\% \Rightarrow s.d = 200(\%B) \bullet 0{,}125 = 25(\%B)$$

und damit ergibt sich (in *% B*):

$$\boxed{A = 20 \pm 2{,}69 \quad B = 100 \pm 10 \quad C = 200 \pm 25}$$

Regressionsgeraden werden mit der Methode der kleinsten Quadrate nach GAUSS berechnet. Dabei gibt der Korrelationskoeffizient r die Güte der Linearität an. Je näher r an 1 oder -1 liegt, desto besser liegen die Meßwerte auf einer Geraden.

Die Auswertung und graphische Darstellung erfolgte rechnergestützt mit folgender Software:
Microsoft Exel 7.0, Microsoft Origin 4.1, Microsoft Powerpoint 7.0, Coreldraw 6.0, WinWord 7.0.

3 Ergebnisse

3.1 Biochemische Reaktivität von Peroxynitrit

3.1.1 KMB-Spaltung durch Peroxynitrit: Einfluß von Hemmstoffen

Reaktive Sauerstoffspezies setzen aus Indikatorsubstanzen wie KMB und ACC Ethen frei. Die quantitative Ausbeute an Ethen ist abhängig vom Typ der reaktiven Spezies sowie von den Reaktionsbedingungen. Um festzustellen, ob eine Unterscheidung anhand dieser beiden Indikatorsubstanzen zwischen Peroxynitrit und Fentontyp-Oxidantien möglich ist, wurden die relevanten reaktiven Spezies auf verschiedene Arten gebildet:

- in einer Fentontyp-Reaktion: eisenkatalysierte Reduktion von Wasserstoffperoxid
- durch den Zerfall von 3-Morpholinosydnonimin (Sin1)
- Synthese von ONOOH durch Reaktion einer sauren Wasserstoffperoxidlösung mit Nitrit.

Durch den Zerfall von Sin1 entstehen Superoxidradikalanionen und Stickstoffmonoxid, die weiter zu Peroxynitrit reagieren.

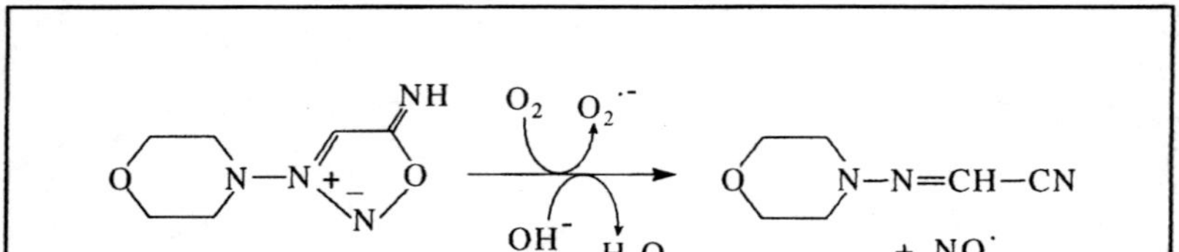

Abb. 17: Bildung von Superoxidradikalanionen und Stickstoffmonoxid während des spontanen Zerfalls von 3-Morpholinosydnonimin (Sin1).

Diese Reaktion stellt die physiologische Situation nach, bei der Peroxynitrit aus diesen Vorläufern entstehen kann. Durch den Einsatz von synthetisch hergestelltem Peroxynitrit wird das „destruktive" Potential beobachtet, das Peroxynitrit zugeschrieben werden kann. Bei der

Synthese von Peroxynitrit ist der Zeitpunkt der NaOH-Zugabe, mit der die Reaktion von H_2O_2 mit HNO_2 beendet wird, besonders kritisch. Unterschiede in der Reaktionszeit von Bruchteilen einer Sekunde bewirken sehr unterschiedliche Kontaminationen der Peroxynitrit-Lösung mit Nitrat, das bei der Konzentrationsbestimmung von Peroxynitrit mit erfaßt wird. Dadurch kommt es zu Schwankungen der eingesetzten Peroxynitritmenge von Versuch zu Versuch. Die folgenden Ergebnisse, die mit diesem Peroxynitrit erzielt wurden, geben daher nur ein qualitatives und kein quantitatives Bild wieder. Für jeden Versuch wurde nur eine Charge Peroxynitrit verwendet um die erzielten Werte innerhalb eines Versuches vergleichen zu können.

Tab.4: Ethenfreisetzung aus KMB und ACC durch Sin1 und ONOOH; Inkubation 30 min bei 37°C

	Konzentration [µM]	pmol Ethen aus KMB	pmol Ethen aus ACC
	1	506 +/-45	61 +/-10
Sin1	100	40778 +/-1225	70 +/-15
	1000	167539 +/-7879	498 +/-56
	1	304 +/-16	65 +/-12
ONOOH	100	4025 +/-148	82 +/-21
	1000	18010 +/- 2000	254 +/-48
Fenton-System	1	290 +/-17	60 +/-12
[H_2O_2 und Fe^{2+}]	100	20312 +/-2131	85 +/-17

Es zeigt sich, daß Peroxynitrit und Sin1 die Ethenfreisetzung aus ACC nicht oder nur vernachlässigbar induziert (Tab. 4). Beide, Sin-1 und ONOOH, reagieren jedoch, vergleichbar mit dem Fentonsystem, konzentrationsabhängig unter Ethenfreisetzung mit KMB. Bei einer Konzentration von 1mM Sin1 im Ansatz kann man nach 30 Minuten Inkubation nur 500 pmol Ethen aus ACC messen, während man mit KMB die gleiche Menge Ethen schon bei einer Konzentration von 1µM Sin1 im Ansatz messen kann. Die Ethenfreisetzung aus KMB ist also um den Faktor 1000 höher. Beide Reaktionen wurden in 0,1 M Phosphatpuffer pH 7,4 durchgeführt, da wie Tab. 5 zeigt, bei diesem pH-Wert die größte Ethenmenge gemessen wurde.

Tab. 5: pH-Abhängigkeit der Ethenfreisetzung aus KMB durch Sin1

pH-Wert	Ethen [pmol/30 min]
6,5	32344 +/- 924
7,4	143970 +/- 18051
8,0	133754 +/- 7978
9,3	129979 +/- 13717

Die nächste Abbildung zeigt den Vergleich von Peroxynitrit- (Sin1 und ONOOH) induzierter Ethenfreisetzung aus KMB mit der Fentontyp-Oxidantien bedingten KMB-Fragmentierung.

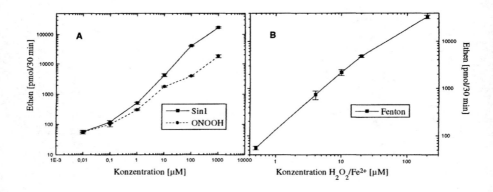

Abb. 18: Ethenfreisetzung aus KMB durch Sin1, ONOOH und Fentonsystem

Verglichen mit Sin1 ist die ONOOH-abhängige Ethenfreisetzung aus KMB, durch die nicht auszuschließende Verunreinigung mit Nitrat, vor allem bei höheren Konzentrationen deutlich geringer.

Vergleicht man die Kinetik der Ethenfreisetzung aus KMB durch Sin1 mit der durch ONOOH, stellt man zwei unterschiedliche Kurvenverläufe fest (Abb. 19). Die Sin1 induzierte Ethenfreisetzung aus KMB zeigt einen sigmoidalen Anstieg mit der Zeit. Die zeitabhängige KMB-Fragmentierung durch ONOOH folgt einer Sättigungskurve.

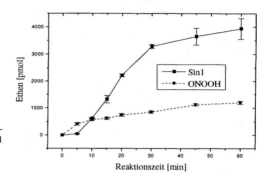

Abb. 19: Kinetik der Ethenfreisetzung aus KMB durch Sin1 (10 µM) und ONOOH (20 µM);

Im folgenden wird zur Differenzierung zwischen Peroxynitrit und Fentontyp-Oxidantien der Effekt von verschiedenen Hemmstoffen auf die KMB-Fragmentierung untersucht.

Wie in Abb. 20 zu sehen, wird die Sin1-induzierte KMB-Fragmentierung verschieden stark durch SOD, Hämoglobin, RSA, Harnsäure, Desferal, Mannit und Formiat gehemmt, wobei Hämoglobin mit 95% die beste Hemmwirkung aufweist. Katalase und EDTA haben keinen Effekt auf die KMB-Fragmentierung durch Sin1. Der Hemmeffekt von Desferal, einem guten Eisenchelator, läßt eine Eisenbeteiligung an der Reaktion vermuten.
Die durch Fentontyp-Oxidantien induzierte Ethenfreisetzung aus KMB wird durch EDTA stimuliert. Alle anderen zugesetzten Substanzen hemmen unterschiedlich stark, wobei der Eisenchelator Desferal mit 90 % die größte Hemmwirkung hat. SOD hat kaum bzw. keinen Hemmeffekt, demnach sind die Hemmwirkungen von Katalase und SOD genau entgegengesetzt wie im Sin1-System.
Betrachtet man die Hemmung im kombinierten Sin1-Fenton-System, so bekommt man ein ähnliches Hemmuster wie im Sin1-System, korrigiert durch das Fenton-System. So ist die starke Hemmwirkung der Ethenfreisetzung durch Hämoglobin im Sin1-System zum Teil aufgehoben und die starke Stimulierung durch EDTA im Fenton-System abgeschwächt.
Die ONOOH-induzierte KMB-Fragmentierung wird durch alle zugesetzten Substanzen verschieden stark gehemmt. Die besten Hemmstoffe sind Desferal, Harnsäure und RSA, gefolgt

von Katalase, EDTA und SOD. Die OH˙-Scavenger Mannit und Formiat zeigen hier kaum einen Hemmeffekt.

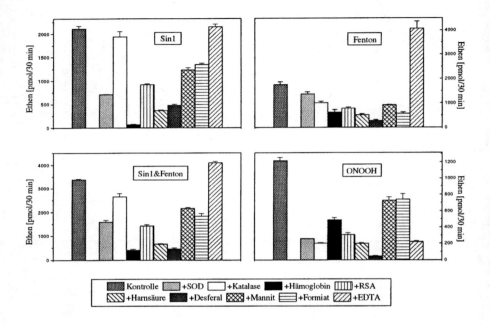

Abb. 20: Ethenfreisetzung aus KMB durch Sin1, ONOOH und Fenton-System: Einfluß verschiedener Hemmstoffe; SOD 100 U, Katalase 100 U, Hämoglobin 50 µM, RSA 0,65 mg/ml, Harnsäure 1 mM, Desferal 1 mM, Mannit 5 mM, Formiat 5 mM, EDTA 0,2 mM;

Im Vergleich zu Sin1 und ONOOH kann Cu(II) (1,67 µM) die Ethen-Freisetzung aus KMB nicht induzieren. Bei gleichzeitiger Anwesenheit von Cu(II) und ONOOH im Reaktionsansatz erreicht man eine leichte Stimulierung der Reaktion. Die Ethenfreisetzung aus KMB durch Sin1 wird dagegen durch Cu(II) zu 50 % gehemmt (Abb. 21). Einen ähnlichen Effekt kann man bei der LDL-Oxidation beobachten (Seite 55, Abb. 22A).

3 Ergebnisse 53

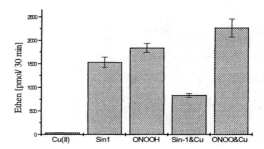

Abb. 21: Ethenfreisetzung aus KMB durch Sin1 (10 µM) und ONOOH (20 µM); Einfluß von Cu(II) (1,67 µM);

3.1.1.1 Zusammenfassung

Beide, Sin1 und ONOOH, können, im Gegensatz zu HOCl (v.KRUEDENER et al., 1995), die ACC-Fragmentierung nicht induzieren, während sie, vergleichbar mit Fenton-Typ-Oxidantien, konzentrationsabhängig mit KMB unter Ethenfreisetzung reagieren. Das pH-Optimum der Reaktion in Phosphatpuffer liegt bei pH 7,4. Die Kinetik der Ethenfreisetzung durch Sin1 zeigt einen anderen Kurvenverlauf als die durch ONOOH. Während die ONOOH-induzierte Reaktion einer Sättigungskurve folgt, zeigt die Sin1-induzierte Reaktion einen sigmoidalen Verlauf. Die ONOOH-induzierte Reaktion wird durch Cu(II) leicht verstärkt, im Gegensatz dazu wird die Sin1-induzierte Reaktion durch Cu(II) gehemmt (vergl. Abb. 22A, Seite 55).

Die Stimulierung der Fenton-Reaktion und nicht der Sin1- oder ONOOH-abhängigen Reaktion durch EDTA, sowie charakteristische Hemmuster durch SOD, Katalase, Hämoglobin, Desferal, Mannit, Formiat und Harnsäure erlauben eine Unterscheidung zwischen diesen reaktiven Spezies.

Ob das Hydroxyl-Radikal, ebenso wie bei der Fentonreaktion, auch an der Reaktion von KMB mit Peroxynitrit beteiligt ist kann durch die vorangegangenen Versuche nicht eindeutig bestätigt noch ausgeschlossen werden. Es ist daher interessant die Wirkung von Hydroxyl-Radikalfängern auf die ONOOH- und Sin1-induzierte LDL-Oxidation näher zu untersuchen.

3.1.2 Peroxynitrit-induzierte LDL-Oxidation

Das Potential von Peroxynitrit zur Initiierung der Lipidperoxydation wird im folgenden an dem komplexen Biomolekül LDL untersucht. Für die Präparation von LDL wurde das Blut von Spender EE (Charakterisierung siehe Methoden) benutzt. Verschiedene LDL-Parameter wie Art und Zusammensetzung der Fettsäuren, Antioxidantiengehalt, das Ausmaß der Fettsäureperoxidation und die Fragmentierung des Apoproteins unterliegen biochemischen Variabilitäten, deren Bedeutung für die Atherogenität der Partikel kontrovers diskutiert werden. Verschiedene Arbeitsgruppen haben gezeigt, daß neben Cu(II) auch Peroxynitrit in der Lage ist, die Lipidperoxidation im LDL zu initiieren (DARLEY-USMAR et al., 1992).

Im folgenden Kapitel werden die Oxidation von LDL durch Peroxynitrit im Vergleich zu Cu(II), sowie der Einfluß von OH$^-$-Scavengern (Mannit, Formiat und Glucose) auf die Oxidation untersucht, wobei zwischen synthetischem ONOOH und Sin1 als Peroxynitritquelle unterschieden wird.

3.1.2.1 Einfluß von OH$^-$-Scavengern auf die Dienbildung

Die photometrische Verfolgung (Absorption bei 234 nm) der Bildung von konjugierten Dienen im LDL ist eine etablierte Methode, um den Verlauf der Lipidperoxidation im LDL zu untersuchen. Die unterschiedliche Länge der Lagzeit gibt dabei Auskunft über die Oxidationsresistenz des LDL-Partikels (siehe Methoden, Kapitel 1.2.4.2). Die Bildung konjugierter Diene könnte vereinfacht wie folgt dargestellt werden:

a) Wasserstoffabstraktion

$$-\underset{H}{\overset{H}{C}}=\underset{H}{\overset{H}{C}}-\underset{H}{\overset{H}{C}}-\underset{}{\overset{H}{C}}=\underset{}{\overset{H}{C}}- + Ox \longrightarrow Ox^{\cdot-} + H^+ + -\underset{H}{\overset{H}{C}}=\underset{}{\overset{H}{C}}-\overset{\cdot}{C}-\underset{}{\overset{H}{C}}=\underset{H}{\overset{H}{C}}-$$

b) Dienbildung

$$-\underset{H}{\overset{H}{C}}=\underset{}{\overset{H}{C}}-\overset{\cdot}{C}-\underset{}{\overset{H}{C}}=\underset{H}{\overset{H}{C}}- \longrightarrow -\underset{H}{\overset{H}{C}}=\underset{}{\overset{H}{C}}-\underset{}{\overset{H}{C}}=\underset{H}{\overset{H}{C}}-\overset{\cdot}{C}-$$

(L·)   (konjugiertes Dien, Erhöhung des A_{234nm})

$$-\underset{H}{\overset{H}{C}}=\underset{}{\overset{H}{C}}-\underset{}{\overset{H}{C}}=\underset{H}{\overset{H}{C}}-\overset{\cdot}{C}- + O_2 \longrightarrow LOO^{\cdot} \overset{LH \quad L^{\cdot}}{\longrightarrow} LOOH$$

(L·)   (Lipidhydroperoxid)

Wie in Abbildung 22A zu sehen, induziert ONOOH die Bildung konjugierter Diene vergleichbar zum Kupfer (II), wobei der Kurvenverlauf auf eine andere Kinetik schließen läßt. Die Unterscheidung zwischen Lag-, Propagations- und Dekompositionsphase ist nicht mehr so ausgeprägt, die Kurve hat eher die Form einer Sättigungskurve.Die Sin1-induzierte Bildung konjugierter Diene setzt erst nach ungefähr fünf Stunden ein und zeigt einen viel flacheren Anstieg als die Cu(II)- und ONOOH-induzierte Oxidation.

Die Kombination von Cu(II) mit ONOOH und Sin1 hat entgegengesetzte Effekte: während die Cu(II)-induzierte LDL-Oxidation durch ONOOH verstärkt wird, d.h. die Lagphase verkürzt sich um ca. 70 Minuten, wird sie durch Sin1 vollständig unterdrückt (Abb. 22A).

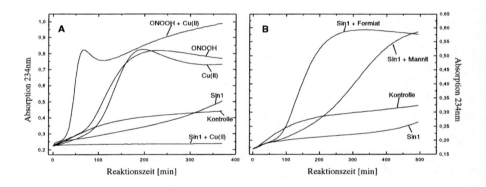

Abb. 22: Induktion der Bildung konjugierter Diene in LDL A durch Cu(II) (1,67 µM), Sin1 (10 µM), ONOOH (20 µM); B durch Sin1: Einfluß von Mannit und Formiat (je 5 mM);

Während die klassischen OH·-Scavenger Mannit und Formiat die KMB-Fragmentierung durch ONOOH und Sin1 hemmen (Abb. 20), führen sie zu einer starken Stimulation der Sin1-induzierten Bildung konjugierter Diene im LDL. Der Kurvenverlauf ist dem der ONOOH-induzierten LDL-Oxidation ähnlich (Abb. 22 B).

In diesem Zusammenhang ist es von Interesse die Wirkung eines OH˙-Scavenger mit physiologischer Relevanz, die Glucose, auf die Sin1- und ONOOH-induzierte LDL-Oxidation zu untersuchen.

Die Zugabe von steigenden Konzentrationen an Glucose (10 mM und 20 mM) führt zu einer starken Stimulation der Sin1- und ONOOH-induzierten Dienbildung (Abb. 23 A+B). Die Konzentrationen an Sin1 und ONOOH wurden bewußt so gewählt, daß sie alleine, d.h. ohne Glucosezusatz, zu keiner bzw. zu einer stark verzögerten Bildung konjugierter Diene führen. Hierdurch wird der stimulierende Effekt der Glucose besonders gut sichtbar. Die Konzentration an Glucose im Reaktionsansatz bleibt im Rahmen der Blutglucose-Werte die bei Diabetes Patienten gemessen wurden.

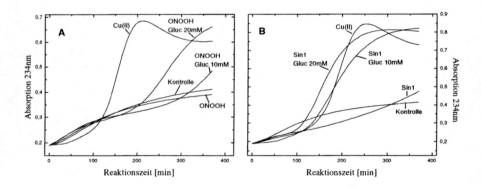

Abb. 23: Induktion der Bildung konjugierter Diene im LDL durch **A** ONOOH (5 µM) und **B** Sin1 (10 µM).

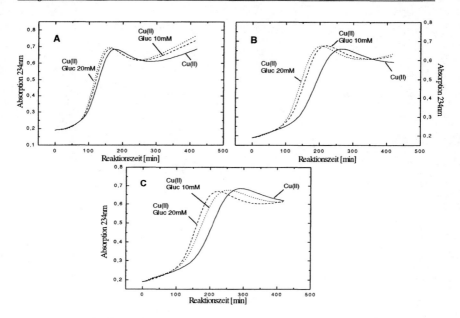

Abb 24: Induktion der Bildung konjugierter Diene im LDL durch Cu(II): Einfluß von Glucose **A** 1,67 µM Cu(II), **B** 0,84 µM Cu(II), **C** 0,42 µM Cu(II);

Wie in Abb. 24 dargestellt, stimuliert Glucose auch die Cu(II)-induzierte Dienbildung konzentrationsabhängig. Der stimulierende Effekt ist insgesamt geringer als bei der Peroxynitrit-induzierten LDL-Oxidation und wird mit sinkender Cu(II)-Konzentration stärker.

3.1.2.2 Einfluß von Glucose auf die elektrophoretischen Eigenschaften von LDL

Die *in vitro* Oxidation von LDL erzeugt Partikel mit erhöhter negativer Ladung, wie sie unter atheromatösen Bedingungen *in vivo* auftreten. Diese Änderung des Ladungsmusters wird unter anderem auf eine Schiffbasenbildung zwischen Lysinresten des Apo B-100-Teils und reaktiven Aldehyden, die während der Lipidperoxidation entstehen, zurückgeführt.
Im folgenden wird der Einfluß von Glucose auf die elektrophoretischen Eigenschaften von LDL nach Oxidation mit Peroxynitrit untersucht.

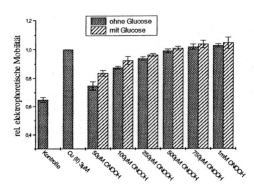

Abb. 25: Erhöhung der elektrophoretischen Mobilität von LDL durch ONOOH; Einfluß von Glucose (20 mM)

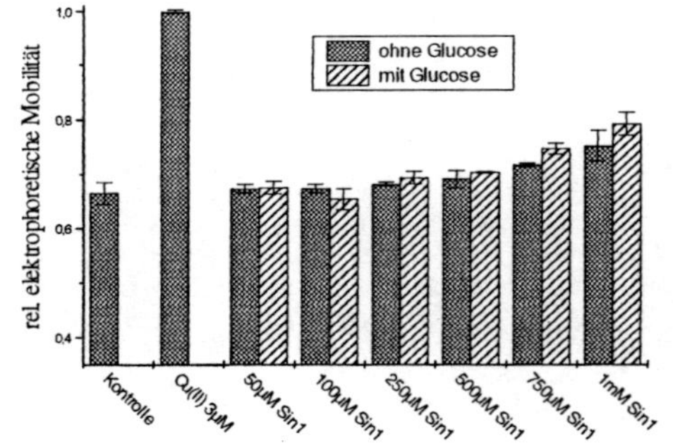

Abb. 26: Erhöhung der elektrophoretischen Mobilität von LDL durch Sin1; Einfluß von Glucose (20 mM)

Sin1 und ONOOH erhöhen beide die elektrophoretische Mobilität von LDL im Agarosegel (Abb. 25 und 26). Während man die Bildung konjugierter Diene schon bei sehr geringen, physiologischen Konzentrationen von Sin1 und ONOOH (10 µM) beobachten konnte, sieht man eine signifikante Erhöhung der elektrophoretischen Mobilität des LDL erst bei vergleichsweise hohen, sicherlich unphysiologischen Konzentrationen. Auch in diesem System ist der oxidative Effekt von Sin1 wesentlich geringer als der von ONOOH, eine Erhöhung der relativen Mobilität erkennt man schon bei 100 µM ONOOH, aber erst bei 1 mM Sin1. Der stimulierende Effekt von Glucose ist in diesem System kaum vorhanden.

3.1.2.3 Zusammenfassung

Sin1 hat in beiden Systemen eine wesentlich geringere oxidative Wirkung auf die LDL-Oxidation als ONOOH. Die Kombination von Cu(II) mit ONOOH oder Sin1 im Reaktionsansatz hat entgegengesetzte Effekte: während die Cu(II)-induzierte LDL-Oxidation durch ONOOH verstärkt wird, hemmt Sin1 die Cu(II)-abhängige Oxidation vollständig.

Eine signifikante Erhöhung der elektrophoretischen Mobilität des LDL ist erst nach Inkubation mit relativ hohen, unphysiologischen Konzentrationen an Sin1 und ONOOH beobachtbar. Sin1 alleine verändert die elektrophoretische Mobilität des LDL kaum, eine Erhöhung ist erst bei 1 mM Sin1 im Ansatz signifikant. Im Vergleich hierzu ist die Bildung konjugierter Diene schon bei wesentlich geringeren Konzentrationen an Sin1 und ONOOH im Reaktionsansatz (10 und 20 µM) induzierbar. Die Zugabe von OH•-Scavengern wie Mannit und Formiat zum Reaktionsansatz führt zu einer starken Stimulierung der Sin1-induzierten Dien-bildung. Auch Glucose bewirkt eine vergleichbare, konzentrationsabhängige Stimulierung der Sin1- und ONOOH-induzierten Bildung konjugierter Diene. Dieser Effekt ist nicht auf die Erhöhung der elektrophoretischen Mobilität des LDL übertragbar.

Da der Oxidation von LDL durch Peroxynitrit bei der Entstehung von Atherosclerose eine nicht unwesentliche Rolle zugesprochen wird, stellt sich die Frage, ob die Peroxynitrit-induzierte Oxidation, vergleichbar mit der Cu(II)-induzierten Oxidation, durch fettlösliche Antioxidantien gehemmt werden kann.

3.2 Antioxidative Eigenschaften von Coenzym Q_{10} und α-Tocopherol

Im folgenden Kapitel soll die antioxidative Kapazität von Coenzym Q10 in seiner oxidierten (Ubichinon, Qox) und reduzierten Form (Ubichinol, Qred) bei der LDL-Oxidation im Vergleich zu α-Tocopherol untersucht werden.

Für die folgenden Versuche wurde Blutserum jeweils mit unterschiedlichen Konzentrationen an Testsubstanzen inkubiert und anschließend das LDL durch Dichtegradienten-Ultrazentrifugation isoliert. So konnte ausgeschlossen werden, daß die LDL-Lösung freies Coenzym Q_{10} oder α-Tocopherol enthält. Alle LDL-Proben werden vor Versuchbeginn auf ihren Gehalt an Ubichinon, Ubichinol und α-Tocopherol hin untersucht, um z.B. ernährungsbedingte Schwankungen, die zur Verfälschung der Ergebnisse führen können, festzustellen. Dabei stellte sich heraus, daß der Gehalt an Ubichinol von nicht vorbehandeltem LDL meist unterhalb der Nachweisgrenze lag. Dies kann daran liegen, daß das Ubichinol im Zeitraum der Isolierung zum Ubichinon oxidiert wird. Die Gehalte an α-Tocopherol und Ubichinon des unbehandelten LDLs wiesen, falls nicht extra darauf hingewiesen wird, keine chargenbedingten Unterschiede auf. In Tab. 6 sind die Gehalte im LDL an Antioxidantien aufgelistet, die man durch Inkubation des Blutserums mit einer 1 mM Lösung der Testsubstanzen erreicht.

Ubichinon ist in Wasser nur durch einen Lösungsvermittler löslich (siehe Material Kapitel 1.1.3.1). Zur Lösung wird ein Emulgator verwendet: es handelt sich um Polyoxyethylen-Sorbitanmonooleat. In den Inkubationsansätzen wird nur die Konzentration des Antioxidans variiert, die Emulgatorkonzentration ist in allen Ansätzen konstant.

Tab. 6: Vergleich der Antioxidantiengehalte mehrerer LDL-Präparationen; Seruminkubation vor der LDL-Isolierung mit **A** -, **B** 1 mM Ubichinon, **C** 1 mM Ubichinol, **D** 1 mM α-Tocopherol

Antioxidans	Gehalt [Mol/Mol LDL]			
	A	B	C	D
α-Tocopherol	5,78+/- 0,1	5,64+/-0,11	5,67+/-0,09	44,79+/-1,21
Ubichinon	0,31+/- 0,02	21,39+/-0,87	0,41+/-0,05	0,21+/-0,08
Ubichinol	—	—	5,10+/-0,24	—

An Hand der Tab. 6 kann man erkennen, daß sich von den eingesetzten Antioxidantien, bei gleicher Konzentration im Inkubationsansatz, α-Tocopherol am einfachsten im LDL anreichern läßt (44,8 Mol/Mol LDL), gefolgt von Ubichinon (21,4 Mol/Mol LDL). Ubichinol läßt sich nur auf ein Viertel des erreichten Ubichinongehalts anreichern.

3.2.1 Einfluß von Ubichinon und Ubichinol auf die Kupfer II- und Peroxynitrit-induzierte LDL-Oxidation

Es ist bekannt, daß Coenzym Q_{10} in seiner reduzierten Form eine Funktion als fettlösliches Antioxidans in biologischen Membranen ausübt (KAGAN et al., 1996). Deshalb soll untersucht werden ob das Coenzym Q_{10}-angereicherte LDL resistenter gegenüber der Cu(II)- und Sin1-induzierten und Glucose-stimulierten Oxidation ist. Betrachtet wird die Bildung konjugierter Diene, sowie die Erhöhung der elektrophoretischen Mobilität des LDL.

3.2.1.1 Hemmung der Bildung von konjugierten Dienen

In Abb. 27 ist der Einfluß von steigenden Ubichinon-Konzentrationen im LDL auf die Cu(II)-induzierte Bildung konjugierter Diene dargestellt. Alle Proben sind vor ihrer Isolierung mit der gleichen Menge an Emulgator vorinkubiert worden. Dies gilt auch für das Kontroll- LDL (meist LDL1).

Das hydrophobe Ubichinon läßt sich gut aus wäßriger Lösung im LDL anreichern. Es bewirkt eine konzentrationsabhängige Hemmung der Bildung konjugierter Diene, die allerdings erst bei sehr hohen, physiologisch nicht erreichbaren Konzentrationen an Ubichinon eintritt (Abb. 27).

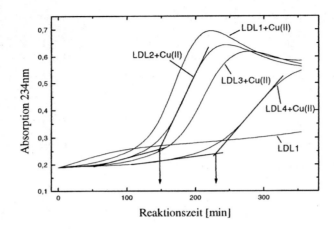

Abb. 27: Induktion der Bildung konjugierter Diene im LDL durch Cu(II); Einfluß eines erhöhten Ubichinongehaltes im LDL; 1.67µM Cu(II);
LDL 1:   0.32Mol Qox/Mol LDL, 5.78Mol αToc/Mol LDL
LDL 2:   **8.44Mol Qox/Mol LDL**, 5.04Mol αToc/Mol LDL
LDL 3: **18.06Mol Qox/Mol LDL**, 5.01Mol αToc/Mol LDL
LDL 4: **21.39Mol Qox/Mol LDL**, 5.15Mol αToc/Mol LDL

Die reduzierte Form des Coenzyms Q_{10} hat erwartungsgemäß eine wesentlich höhere antioxidative Kapazität als die oxidierte Form. Abb. 28 zeigt die Bildung konjugierter Diene in Abhängigkeit vom Ubichinolgehalt. Durch die Erhöhung des Gehalts an Ubichinon um ca. 21 Mol/Mol LDL (LDL4, Abb. 27) erhält man die gleiche Verzögerung der Dienbildung wie mit einer Anreicherung an Ubichinol um 5,1 Mol/Mol LDL (LDL4, Abb. 28). Dies zeigt deutlich, das Ubichinol das bessere Antioxidans ist.

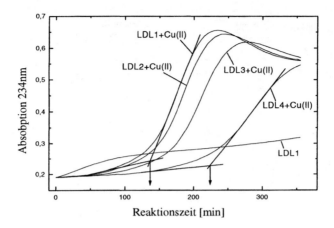

Abb. 28: Induktion der Bildung konjugierter Diene im LDL durch Cu(II); Einfluß eines erhöhten Ubichinolgehaltes im LDL; 1.67µM Cu(II)
LDL1: 0.0Mol Qred/Mol LDL, 5.78 Mol αToc/Mol LDL
LDL2: 0.8Mol Qred/Mol LDL, 5.15Mol αToc/Mol LDL
LDL3: 1.8Mol Qred/Mol LDL, 5.32Mol αToc/Mol LDL
LDL4: 5.1Mol Qred/Mol LDL, 5.53Mol αToc/Mol LDL

Der Einfluß von Ubichinon und Ubichinol auf die Sin1-induzierte und Glucose-überstimulierte Lipidperoxidation von LDL wird im folgenden getestet. Die sichtbar kürzere Lagphase des Kontroll-LDL1 in Abb. 29 im Gegensatz zum Kontroll-LDL1 in Abb. 30 ist auf einen geringeren α-Tocopherolgehalt zurückzuführen.

Wie Abb. 29 und 30 zeigen, hemmen beide, Ubichinol und Ubichinon, die Sin1-induzierte Bildung konjugierter Diene im LDL konzentrationsabhängig. Ubichinol hat jedoch eine ungleich bessere antioxidative Kapazität als seine oxidierte Form. Während ein Gehalt von 5,1 Mol/Mol LDL (LDL4, Abb. 30) von Ubichinol eine Lagphasenverlängerung um 2,5 Stunden ausmacht, bewirkt ein Gehalt an 8,44 Mol/Mol LDL (LDL2, Abb. 29) an Ubichinon nur eine Verzögerung der Dienbildung um 20 Minuten.

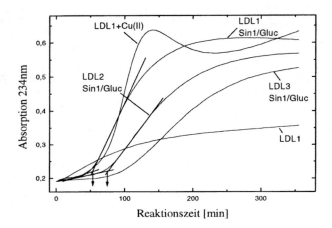

Abb. 29: Einfluß eines höheren Ubichinon-Gehaltes auf die Sin1-induzierte und Glucose-überstimulierte Bildung konjugierter Diene im LDL; 1.67µM Cu(II), 10µM Sin1/20mM Glucose;
LDL 1:   0.21Mol Qox/Mol LDL, 3.45Mol αToc/Mol LDL
LDL 2:   **8.44Mol Qox/Mol LDL**, 3.91Mol αToc/Mol LDL
LDL 3: **21.39Mol Qox/Mol LDL**, 3.80Mol αToc/Mol LDL

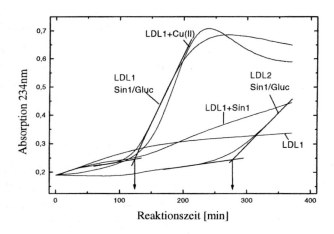

Abb. 30: Einfluß eines höheren Ubichinol-Gehaltes auf die Sin1-induzierte und Glucose-überstimulierte Bildung konjugierter Diene im LDL; 1.67µM Cu(II), 10µM Sin1, 10µM Sin1/20mM Glucose;
LDL1: 0.0Mol Qred/Mol LDL, 5.78 Mol αToc/Mol LDL
LDL2: 5.1Mol Qred/Mol LDL, 5.53Mol αToc/Mol LDL

3.2.1.2 Einfluß auf die elektrophoretische Mobilität von LDL

In den vorangegangenen Versuchen zur Bildung konjugierter Diene im LDL wurde gezeigt, daß Ubichinon und Ubichinol die LDL-Oxidation konzentrationsabhängig hemmen. Im folgenden Kapitel soll untersucht werden, ob die fettlöslichen Antioxidantien Ubichinon und Ubichinol auch in der Lage, sind den ApoB-100-Teil des LDL vor Cu(II)-induzierter Oxidation zu schützen. Hierfür wurde das Ubichinon entweder direkt zum Reaktionsansatz dazugegeben oder durch Seruminkubation im LDL angereichert.

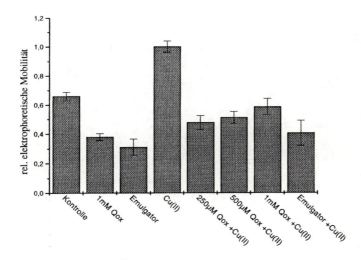

Abb. 31: Erhöhung der elektrophoretischen Mobilität von LDL durch Cu(II); Einfluß von Ubichinon (Direktzugabe)

Bei der Direktzugabe von Ubichinon zum Oxidationsansatz kann man eine relativ hohe Emulgatorkonzentration im Ansatz nicht umgehen. Wie in Abb. 31 zu sehen ist, hemmt die Zugabe des Emulgators alleine schon die Oxidation vollständig. Die elektrophoretische Mobilität des Kontroll-LDL ist dabei höher als die elektrophoretische Mobilität der mit Emulgator versehenen Probe, was wahrscheinlich auf eine Anheftung des Emulgators an das LDL-Molekül zurückzuführen ist. Ein zusätzlicher antioxidativer Effekt des Ubichinons ist darüber hinaus nicht mehr zu erkennen. Es ist im Gegenteil eher eine umgekehrte leichte Tendenz zu erkennen, denn mit höheren Ubichinongehalten im Reaktionsansatz ist der Proteinanteil des LDL oxidationsanfälliger. Dies kann daran liegen, daß bei Anwesenheit von

Ubichinon im Reaktionsansatz der Emulgator zum größten Teil das Ubichinon umgibt und deshalb für eine Interaktion mit dem Cu(II) oder dem LDL-Partikel nicht mehr zur Verfügung steht.

Da sich der Zusatz des Emulgators störend auf das System auswirkt, werden für die folgenden Versuche die fettlöslichen Antioxidantien durch Seruminkubation im LDL angereichert.

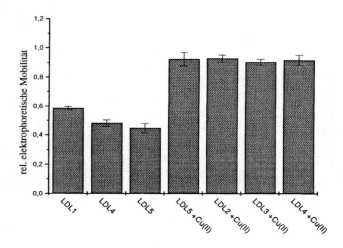

Abb. 32: Erhöhung der elektrophoretischen Mobilität von LDL durch Cu(II); Einfluß eines höheren Ubichinongehaltes im LDL; 3µM Cu(II);
LDL 1:   0.32Mol Qox/Mol LDL, 5.78Mol αToc/Mol LDL (Serum nicht mit Emulgator inkubiert)
LDL 2:   **8.44Mol Qox/Mol LDL**, 5.04Mol αToc/Mol LDL
LDL 3:   **18.06Mol Qox/Mol LDL**, 5.01Mol αToc/Mol LDL
LDL 4:   **20.39Mol Qox/Mol LDL**, 5.15Mol αToc/Mol LDL
LDL 5:   0.32Mol Qox/Mol LDL, 5.78Mol αToc/Mol LDL

Nach der Isolierung des LDL ist der Hemmeffekt des Emulgators auf die Erhöhung der elektrophoretischen Mobilität kaum mehr ersichtlich (vergleiche LDL1 und LDL5, Abb. 32). Es ist jedoch auch kein antioxidativer Effekt des Ubichinons bei der Oxidation des Proteinanteils des LDL zu erkennen (Abb. 32).

Da Ubichinol ein wesentlich besseres Antioxidans als Ubichinon ist, sollte man, durch Anreicherung von Ubichinol im LDL, eine Reduzierung der durch Cu(II) erhöhten elektrophoretischen Mobilität erwarten. Im folgenden ist die Wirkung von Ubichinol auf die Cu(II)-

induzierte Erhöhung der elektrophoretischen Mobilität dargestellt. Das Ubichinol wurde durch Seruminkubation im LDL angereichert.

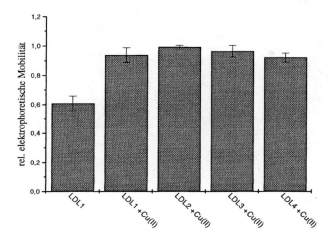

Abb. 33: Erhöhung der elektrophoretischen Mobilität von LDL durch Cu(II); Einfluß eines höheren Ubichinolgehaltes im LDL, 1,67µM Cu(II)
LDL1: 0.0Mol Qred/Mol LDL, 5.78 Mol αToc/Mol LDL
LDL2: 0.8Mol Qred/Mol LDL, 5.15Mol αToc/Mol LDL
LDL3: 1.8Mol Qred/Mol LDL, 5.32Mol αToc/Mol LDL
LDL4: 5.1Mol Qred/Mol LDL, 5.53Mol αToc/Mol LDL

Auch eine Ubichinol-Anreicherung im LDL, von 0 auf 5,1 Mol/Mol LDL, hemmt dessen Cu(II)-induzierte Erhöhung der elektrophoretischen Mobilität nicht (Abb. 33). Ubichinol ist ebenso wie seine oxidierte Form nur in der Lage die Cu(II)-induzierte Oxidation des Lipidkerns (Dienbildung) zu hemmen.

Im folgenden sind die Ergebnisse aus analogen Versuchen für die Sin1-induzierte Erhöhung der elektrophoretischen Mobilität des LDL dargestellt.

Da die Sin1-induzierte Erhöhung der elektrophoretischen Mobilität des LDL erst bei sehr hohen, unphysiologischen Konzentrationen signifikant ist, wird nur der Einfluß von Ubichinon und Ubichinol auf die ONOOH-induzierte Reaktion getestet.Um die Anwesenheit des Emulgators im Reaktionsansatz zu umgehen, werden die Antioxidantien durch Seruminkubation im LDL angereichert.

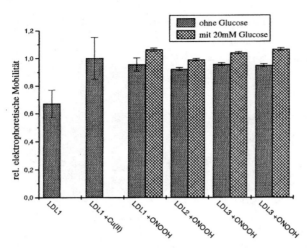

Abb. 34: Erhöhung der elektrophoretischen Mobilität von LDL-Proben unterschiedlichen Ubichinongehalts durch ONOOH und Glucose
LDL 1: 0.32Mol Qox/Mol LDL, 5.78Mol αToc/Mol LDL
LDL 2: 8.44Mol Qox/Mol LDL, 5.04Mol αToc/Mol LDL
LDL 3: 18.06Mol Qox/Mol LDL, 5.01Mol αToc/Mol LDL
LDL 4: 20.39Mol Qox/Mol LDL, 5.15Mol αToc/Mol LDL

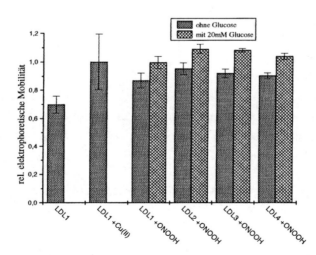

Abb. 35: Erhöhung der elektrophoretischen Mobilität von LDL-Proben unterschiedlichen Ubichinolgehalts durch ONOOH und Glucose
LDL1: 0.0Mol Qred/Mol LDL, 5.78 MolαToc/Mol LDL
LDL2: 0.8Mol Qred/Mol LDL, 5.15Mol αToc/Mol LDL
LDL3: 1.8Mol Qred/Mol LDL, 5.32Mol αToc/Mol LDL
LDL4: 5.1Mol Qred/Mol LDL, 5.53Mol αToc/Mol LDL

3 Ergebnisse 69

Die ONOOH-induzierte Erhöhung der elektrophoretischen Mobilität des LDL wird, vergleichbar mit der Cu(II)-induzierten Reaktion, weder durch eine Ubichinon- noch durch eine Ubichinol-Anreicherung im LDL beeinflußt (Abb. 34 & 35).

3.2.2 Kooperativität von α-Tocopherol und Coenzym Q_{10} bei der Cu(II)- und Peroxynitrit-induzierten LDL-Oxidation

Es ist bekannt, daß das fettlösliche Antioxidans α-Tocopherol die LDL-Oxidation effektiv hemmt. Im folgenden sollen die antioxidativen Wirkungen von α-Tocopherol und Coenzym Q_{10} in seiner reduzierten oder oxidierten Form verglichen werden. Zusätzlich wird untersucht, ob α-Tocopherol und Coenzym Q_{10} als Antioxidantien kooperativ arbeiten. Hierzu wurden jeweils beide Testsubstanzen im LDL durch Seruminkubation angereichert.

3.2.2.1 Hemmung der Bildung konjugierter Diene

Eine Anreicherung von α-Tocopherol von 2,8 Mol auf 44,8 Mol/Mol LDL kann die Cu(II)-induzierte Dienbildung innerhalb der ersten 400 Minuten vollständig hemmen (LDL 3, Abb. 36), während die Anreicherung von 0,21 Mol auf 13,54 Mol/Mol LDL an Ubichinon (LDL 2, Abb 36), eine Lagphasenverlängerung um nur ca. 80 Minuten bewirkt. Da bei der hier erreichten α-Tocopherol-Konzentration bereits eine vollständige Hemmung der Bildung konjugierter Diene eintritt, ist ein additiver oder überadditiver Effekt einer Anreicherung an beiden Antioxidantien nicht mehr sichtbar. Die unterschiedliche Anreicherung der Antioxidantien im LDL macht auch bei den folgenden Versuchen mit Ubichinol einen direkten Vergleich der Hemmeffekte schwierig.

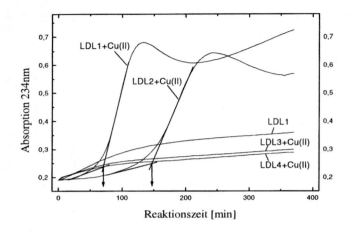

Abb. 36: Induktion der Dienbildung im LDL durch Cu(II); Einfluß eines erhöhten Ubichinon - und α-Tocopherolgehaltes im LDL; 1.67µM Cu(II);
LDL1: 0.21 Mol Qox/Mol LDL,   2.78 Mol αToc/Mol LDL
LDL2: **13.54 Mol Qox/Mol LDL**,   1.79 Mol αToc/Mol LDL
LDL3:   0.18 Mol Qox/Mol LDL, **44.79 Mol αToc/Mol LDL**
LDL4: **12.74 Mol Qox/Mol LDL, 36.25 Mol αToc/Mol LDL**

Abb. 37 zeigt den kooperativen Effekt bei der antioxidativen Wirkung von α-Tocopherol und Ubichinol. Ubichinol in der hier erreichten Konzentration (4,6 Mol/Mol LDL, LDL 2) bewirkt eine Lagphasenverlängerung um ca. 30 Minuten, α-Tocopherol, welches doppelt so konzentriert ist (9.9 Mol/Mol LDL, LDL 3), bewirkt auch eine doppelt so lange Verzögerung der Oxidation von ca. 60 Minuten. Demnach kann man davon ausgehen, daß die Hemmung durch beide Substanzen vergleichbar ist, wenn nicht gleichzeitig die natürlich vorhandene Konzentration des jeweils anderen Antioxidans schwanken würde. Bei der gleichzeitigen Anreicherung beider Substanzen (LDL 4) erkennt man im Vergleich zum Effekt der Einzelsubstanzen einen überadditiven Hemmeffekt, die Lagphasenverlängerung beträgt 140 Minuten und müßte bei einem additiven Effekt bei ca. 90 Minuten liegen, d.h. die Antioxidantien arbeiten kooperativ.

Im Vergleich zu den übrigen Messungen lag der Ubichinolgehalt der Kontroll-LDL-Probe (LDL1) oberhalb der Nachweisgrenze.

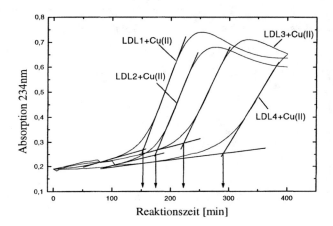

Abb. 37: Induktion der Bildung konjugierter Diene im LDL durch Cu(II); Einfluß eines erhöhten Ubichinol - und α-Tocopherolgehaltes im LDL; 1.67µM Cu(II);
LDL1: 0.08 Mol Qred/Mol LDL, 3.60 Mol αToc/Mol LDL
LDL2: 4.60 Mol Qred/Mol LDL, 2.98 Mol αToc/Mol LDL
LDL3: 0.12 Mol Qred/Mol LDL, **9.90 Mol αToc/Mol LDL**
LDL4: 4.40 Mol Qred/Mol LDL, 9.71 Mol αToc/Mol LDL

Im Vergleich zur Hemmung der Cu(II)-induzierten Oxidation durch die Testsubstanzen wurden analoge Versuche zur Sin1-induzierten und Glucose stimulierten Oxidation durchgeführt.

Vergleicht man die antioxidative Wirkung von Ubichinon auf die Sin1-induzierte und Glucose-stimulierte Bildung konjugierter Diene mit der von α-Tocopherol (Abb. 38), erhält man in etwa das gleiche Ergebnis wie bei der Cu(II)-induzierten Dienbildung. α-Tocopherol, welches im Vergleich zum Ubichinon dreimal so hoch im LDL konzentriert vorliegt (LDL3), bewirkt in den hier abgebildeten ersten 400 Minuten eine vollständige Hemmung der Dienbildung. Ubichinon verursacht in der hier erreichten Konzentration nur eine Verzögerung der Bildung konjugierter Diene um 40 Minuten (LDL2).
Ein additiver Effekt ist nicht sichtbar, da α-Tocopherol die Dienbildung alleine schon um 100 % hemmt.

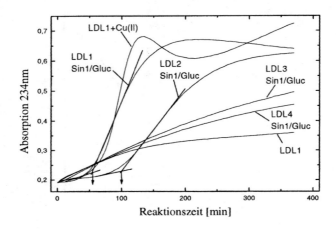

Abb. 38: Einfluß eines höheren Ubichinon/α-Tocopherol-Gehaltes auf die Cu(II)-induzierte Bildung konjugierter Diene im LDL; 1.67µM Cu(II), 10µM Sin1/20mM Glucose;
LDL1:   0.21 Mol Qox/Mol LDL,   2.78 Mol αToc/Mol LDL
LDL2: 13.54 Mol Qox/Mol LDL,   1.79 Mol αToc/Mol LDL
LDL3:   0.18 Mol Qox/Mol LDL, **44.79 Mol αToc/Mol LDL**
LDL4: 12.74 Mol Qox/Mol LDL, 36.25 Mol αToc/Mol LDL

Abb. 39 zeigt den antioxidativen Effekt von α-Tocopherol bei der Sin1-induzierten und Glucose-überstimulierten Bildung konjugierter Diene im Vergleich zu Ubichinol. α-Tocopherol (9,8 Mol/Mol LDL) bewirkt eine Verzögerung der Oxidation um ca. 100 Minuten (LDL2), Ubichinol (4,5 Mol/Mol LDL) eine Verzögerung um 80 Minuten (LDL3). Eine gleichzeitige Anreicherung von beiden Substanzen im LDL (LDL4) zeigt, wie bei der Cu(II)-induzierten Oxidation, einen überadditiven Hemmeffekt. Die Sin1-induzierten und Glucose-überstimulierten LDL-Oxidation wird nicht um ca. 180 Minuten verzögert, wie man bei einem additiven Effekt vermuten sollte, sondern um ca. 230 Minuten.

3 Ergebnisse

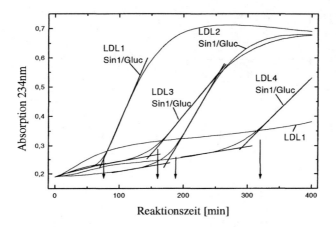

Abb. 39: Induktion der Dienkonjugation im LDL durch Sin1/Glucose; Einfluß eines erhöhten Ubichinol - und α-Tocopherolgehaltes im LDL; 10 µM Sin1, 20 mM Glucose;
LDL1: 0.08 Mol Qred/Mol LDL, 3.60 Mol αToc/Mol LDL
LDL2: 4.60 Mol Qred/Mol LDL, 2.98 Mol αToc/Mol LDL
LDL3: 0.12 Mol Qred/Mol LDL, **9.90 Mol αToc/Mol LDL**
LDL4: 4.40 Mol Qred/Mol LDL, 9.71 Mol αToc/Mol LDL

Die Versuche zur Bildung konjugierter Diene im LDL zeigten, daß Coenzym Q_{10} in seiner reduzierten und oxidierten Form hemmend auf die LDL-Oxidation durch Cu(II) und Sin1/Glucose wirken. Weiterhin ist ein synergistischer Hemmeffekt bei gleichzeitiger Anreicherung von Ubichinol und α-Tocopherol im LDL beobachtbar. Die Kooperativität von Ubichinol und α-Tocopherol beim Schutz des LDL vor Oxidation soll im folgenden näher untersucht werden.

3.2.2.2 Gehalte der Testsubstanzen im LDL während der Oxidation

Um die Kinetik der Oxidation von Ubichinol, Ubichinon und α-Tocopherol vergleichen zu können wurde im folgenden ihre Konzentration im LDL und gleichzeitig die Dienbildung bei 234nm während der Cu(II)-induzierten LDL-Oxidation zeitlich verfolgt. Dazu wurde Ubichinol-angereichertes LDL (5,1 Mol/Mol LDL) mit Cu(II) (1 µM) bei 37°C inkubiert und alle 15 Minuten eine Probe entnommen und die Antioxidantien mit Hexan extrahiert. Die Gehaltsbestimmung wurde mittels HPLC vorgenommen (siehe Methodenteil).

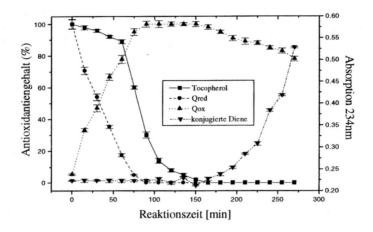

Abb. 40: HPLC-Messung der Antioxidantiengehalte sowie der Dienbildung während der Cu(II)-Oxidation von LDL, Cu(II) 1 µM, LDL 1,6 µM (5,1 Mol Qred/Mol LDL, 0,24 Mol Qox/Mol LDL, 5,53 Mol α-Toc/Mol LDL)

Abb. 40 zeigt die Konzentrationen der untersuchten Substanzen im LDL in %, bezogen auf die Anfangswerte. Der 100 %-Wert für die Coenzym Q_{10}-Konzentration (oxidierte + reduzierte Form) errechnet sich aus den Anfangswerten für Ubichinol + Ubichinon. Das Ubichinol geht während der Oxidation vollständig in seine oxidierte Form, das Ubichinon, über und reagiert nicht weiter. α-Tocopherol wird sehr langsam oxidiert, nach 60 Minuten sind erst 10 % oxidiert, während das Ubichinol zu 80 % oxidiert ist. Erst wenn das Ubichinol vollständig zum Ubichinon konvertiert ist beginnt die Oxidation des Vitamin E. Das Vitamin E wird dann sehr rasch, innerhalb von 30 Minuten, oxidiert. Die Bildung konjugierter Diene setzt erst ein wenn der α-Tocopherolgehalt erschöpft ist.

Im folgenden soll, analog zur Cu(II)-induzierten Bildung konjugierter Diene, die Abnahme der antioxidativ wirkenden Moleküle Ubichinon, Ubichinol und α-Tocopherol während der Sin1-induzierten sowie Glucose-überstimulierten Oxidation zeitlich verfolgt werden.

Das hier verwendete Ubichinol-angereicherte LDL (5,7 Mol/Mol LDL) weist auch einen leicht erhöhten Gehalt an Ubichinon auf (2,8 Mol/Mol LDL). In Abb. 41 und 42 beziehen sich die Ubichinol-Werte auf den Ubichinolgehalt zum Zeitpunkt 0, die Ubichinonwerte stellen den Prozentsatz dar, der durch Oxidation des Ubichinols entsteht, d.h. von den gemessenen Werten wird die Anfangskonzentration abgezogen, bevor sie auf den Anfangsubichinolgehalt bezogen werden.

Abbildung 41 zeigt die Antioxidantiengehalte im LDL während der Sin1-induzierten Oxidation.

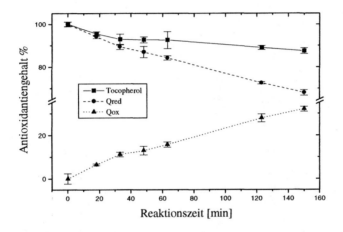

Abb. 41: HPLC-Messung der Antioxidantiengehalte während der Sin1-Oxidation von LDL, Sin1 10 µM, LDL 1,6 µM (5,7 Mol Qred/Mol LDL, 2,8 Mol Qox/Mol LDL, 5,64 Mol α-Toc/Mol LDL)

Während der Sin1-induzierten Oxidation nimmt der Gehalt an α-Tocopherol nur relativ langsam ab, nach 120 Minuten sind noch ca. 90 % nicht oxidiert, während Ubichinol zu 30 % oxidiert ist. Auch hier wird Ubichinol zum Ubichinon oxidiert, welches in den ersten 150 Minuten nicht weiter oxidiert wird. Insgesamt ist die Oxidation der hier untersuchten Antioxidantien durch Sin1 signifikant langsamer als durch Cu(II) (Abb. 40, Seite 73).

In Abbildung 42 sind die Antioxidantiengehalte im LDL, sowie die Bildung konjugierter Diene während der Glucose-stimulierten Oxidation des LDL durch Sin1 dargestellt.

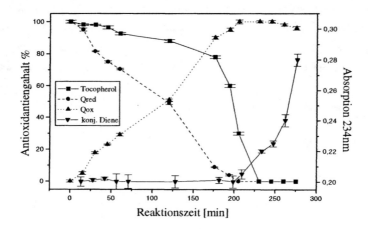

Abb. 42: HPLC-Messung der Antioxidantiengehalte sowie der Dienbildung während der Sin1-induzierten und Glucose-stimulierten Oxidation von LDL, Sin1 10 µM, Glucose 20 mM LDL 1,6 µM (5,1 Mol Qred/Mol LDL, 0,24 Mol Qox/Mol LDL, 5,53 Mol α-Toc/Mol LDL)

Durch den Zusatz von 20 mM Glucose wird die Oxidation von Ubichinol zum Ubichinon beschleunigt. Bei der Sin1-Oxidation des LDL ist das enthaltene Ubichinol nach 60 Minuten zu 15 % oxidiert, bei der Glucose-überstimulierten Reaktion schon zu 30 %. Insgesamt zeigt sich das gleiche Bild wie bei der Cu(II)-Oxidation (siehe Seite 73). Erst nach vollständiger Ubichinol-Oxidation beginnt die α-Tocopherol-Oxidation. Im Vergleich zum Ubichinol findet die Oxidation des Vitamin E wesentlich rascher statt. Die Bildung konjugierter Diene setzt erst nach Erschöpfen des Vitamin E-Gehaltes ein (Abb. 42).

3.2.2.3 Zusammenfassung

Die Effekte von Ubichinon und Ubichinol während der Sin1-induzierten und Glucose-überstimulierten Oxidation von LDL sind ungefähr die gleichen wie bei der Cu(II)-induzierten Oxidation. Während die Bildung konjugierter Diene durch beide Substanzen konzentrationsabhängig gehemmt wird, bleibt die Oxidation des Proteinanteils des LDL durch die Testsubstanzen unbeeinflußt. Ubichinol hat bei der Cu(II)- und Sin1-induzierten Dienbildung eine wesentlich höhere antioxidative Kapazität als Ubichinon. Die antioxidative Wirkung von α-Tocopherol während der Cu(II)-induzierten Bildung konjugierter Diene ist ungefähr mit der von Ubichinol vergleichbar, während sie auf die Sin1-induzierte und Glucose-stimulierte Oxidation geringer als die von Ubichinol ist. Durch die Anreicherung beider Substanzen im LDL erreicht man in beiden Systemen einen überadditiven Hemmeffekt.

Während der Oxidation werden in der Lagphase zuerst die endogenen Antioxidantien oxidiert. Betrachtet man die Antioxidantienzusammensetzung während der Cu(II)-Oxidation in den ersten 60 Minuten, so stellt man fest, daß Ubichinol fast vollständig zum Ubichinon oxidiert wird, während die Konzentration an α-Tocopherol nur minimal abnimmt. Erst wenn das Ubichinol vollständig zum Ubichinon konvertiert ist, beginnt die Oxidation des Vitamin E. Die Oxidation des α-Tocopherol findet rascher statt als die Ubichinol-Oxidation, innerhalb von 30 Minuten wird das α-Tocopherol vollständig oxidiert. Die Lipidperoxidation setzt erst nach Erschöpfen des Vitamin E-Gehaltes ein. Während der Sin1- induzierten Oxidation zeigt sich das gleiche Bild. Ubichinol wird vor α-Tocopherol oxidiert, sind alle Antioxidantien erschöpft setzt die Bildung konjugierter Diene ein. Der Zusatz von Glucose (20 mM) zum Oxidationsansatz bewirkt hier eine beschleunigte Ubichinoloxidation.

3.2.3 Reduktion von Ubichinon im LDL

Es ist bekannt, das man Coenzym Q_{10} durch parentale Gaben im LDL anreichern kann (MOHR et al., 1992). Unbekannt ist bisher immer noch der Mechanismus wie Ubichinon im LDL reduziert wird. Im folgenden soll untersucht werden ob biologische Reduktionsmittel bzw. verschiedene Antioxidantien (Dihydroliponsäure, Vitamin C), in der Lage sind, Ubichinon in wäßriger Lösung und im LDL zu reduzieren.

Von anderen Lipoproteinen, wie z.B. dem *high density* Lipoprotein (HDL) ist bekannt, daß es mit Enzymen wie der Paraoxonase, der Lecithin:Cholesterin-Acyl-Transferase und anderen assoziiert ist. Außerdem geht man davon aus, daß die Apolipoproteine AI und AII selbst enzymatische Aktivität und zwar die einer Lipase besitzen. Daher wird weiterhin untersucht, ob das Apolipoprotein B-100 selbst enzymatische Aktivität besitzt und bei Anwesenheit eines Reduktionsäquivalents (NADH) in der Lage ist Ubichinon direkt oder über eine Liponsäurereduktion zu reduzieren.

3.2.3.1 Reduktion durch Vitamin C

Obwohl es nicht sehr wahrscheinlich ist, daß das stark hydrophile Molekül Ascorbinsäure in der Lage ist, Ubichinon zu reduzieren, wird dies im folgenden in wäßriger Lösung sowie im LDL untersucht.

Wie in Abbildung 43 zu sehen wird Ubichinon nur sehr langsam durch Vitamin C reduziert, innerhalb von 15 Stunden ist bei einer Konzentration von 4 mM Vitamin C nur 2,5% einer 10 mM Ubichinonlösung reduziert (Abb. 43).

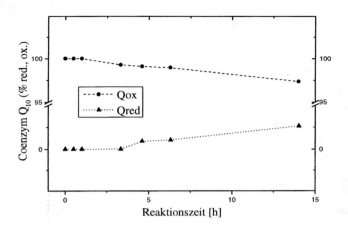

Abb. 43: Reduktion von Ubichinon durch Vitamin C in wäßriger Lösung; 4mM Vit. C, 500 µM Ubichinon;

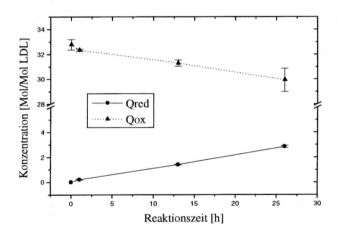

Abb. 44: Reduktion von Ubichinon durch Vitamin C im LDL; 4mM Vit. C, 1,5 µM LDL (32,79 Mol Qox/Mol LDL, 3,43 Mol α-Toc/Mol LDL);

Durch die Inkubation von LDL mit Vitamin C (4 mM i.A.) läßt sich das im LDL enthaltene Ubichinon reduzieren (Abb. 44). Die Reduktion ist insgesamt sehr langsam, jedoch doppelt so schnell (nach 15 Stunden sind 5% reduziert) wie die Reduktion von Ubichinon durch Vitamin C in wäßriger Lösung (nach 15 Stunden sind 2,5% reduziert).

3.2.3.2 Reduktion durch Dihydroliponsäure

Eine Reduktion von Ubichinon durch das Antioxidans Dihydroliponsäure (DHLS) erscheint wesentlich wahrscheinlicher im Vergleich zur Ascorbinsäure. Durch seinen hydrophoben Charakter kann die Dihydroliponsäure wesentlich besser mit dem im Lipidkern des LDL gelösten Ubichinon interagieren. Außerdem sollte die Dihydroliponsäure aufgrund ihres wesentlich negativeren Redoxpotentials im vergleich zur Ascorbinsäure besser in der Lage sein Ubichinon zu reduzieren.

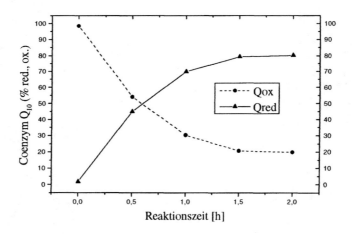

Abb. 45: Reduktion von Ubichinon durch Dihydroliponsäure in wäßriger Lösung, Ubichinol 500 µM, DHLS 500 µM;

In wäßriger Lösung läßt sich Ubichinon innerhalb von 1,5 Stunden zu 80% durch Dihydroliponsäure zum Ubichinol reduzieren (Abb. 45).

Wie in Abbildung 46 zu sehen, läßt sich Ubichinon auch durch Dihydroliponsäure im LDL gelöst reduzieren. Hier ist ebenfalls nach 30 Minuten schon 50% des enthaltenen Ubichinons reduziert.

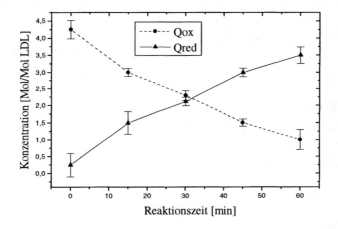

Abb. 46: Reduktion von Ubichinon durch DHLS im LDL; 500 µM DHLS, 1,5 µM LDL (32,79 Mol Qox/Mol LDL, 3,43 Mol α-Toc/Mol LDL);

3.2.3.3 Reduktion von Ubichinon im LDL durch NADH und Liponsäure

Im folgenden wird untersucht, ob LDL selbst in der Lage ist, bei Anwesenheit eines Reduktionsäquivalentes (NADH) Ubichinon zum Ubichinol zu reduzieren (Tab. 7). Weiterhin ist in Tabelle 7 dargestellt, ob der Proteinanteil des LDL (ApoB-100) eine Liponsäure-Reduktase-Aktivität besitzt und über eine Liponsäurereduktion in der Lage ist, Ubichinon zum Ubichinol zu reduzieren

Wie Tab. 7 zeigt, konnte weder eine direkte Ubichinonreduktion, noch eine Reduktion des Ubichinons über eine Liponsäure-Reduktion beobachtet werden.

Tab. 7: Reduktion von Ubichinon im LDL durch NADH und Liponsäure

Reaktionszeit [min]	NADH		NADH + Liponsäure	
	Ubichinon	Ubichinol	Ubichinon	Ubichinol
15	20,32+/-0,97	–	19,95+/-1,58	–
30	20,12+/-0,84	–	20,39+/-0,94	–
45	19,98+/-2,36	–	20,11+/-1,31	–
60	20,35+/-1,35	–	20,43+/-0,99	–
90	20,56+/-1,10	–	20,21+/-2,0	–
120	20,86+/-1,65	–	20,09+/-0,92	–
150	19,94+/-1,34	–	19,89+/-1,55	–
180	19,98+/-0,93	–	20,52+/-2,1	–

3.2.3.4 Zusammenfassung

Das hydrophile Antioxidans Ascorbinsäure, sowie das hydrophobe Molekül Dihydroliponsäure sind beide in der Lage, in wäßriger Lösung sowie im LDL gelöst, Ubichinon zum Ubichinol zu reduzieren. Dihydroliponsäure ist, wie erwartet, das wesentlich bessere Reduktionsmittel. Die Reduktion des Ubichinons durch Dihydroliponsäure läuft wesentlich schneller ab als durch Ascorbinsäure, da die Dihydroliponsäure ein wesentlich negativeres Redoxpotential als Ascorbinsäure hat.

LDL ist durch Zugabe eines Reduktionsäquivalents (NADH) weder in der Lage, Ubichinon direkt, noch indirekt über eine Liponsäurereduktion zu reduzieren.

3.3 Trennung und Strukturaufklärung der „Pangamsäure"

Da der „Pangamsäure" in der Literatur keine einheitliche chemische Zusammensetzung zugesprochen wird, wurde bevor die antioxidativen Eigenschaften der „Pangamsäure" getestet wurden, die Zusammensetzung und Struktur der Pangamsäure mittels Kapillarelektrophorese, NMR, IR und Elementaranalyse näher untersucht.

3.3.1 Trennung des „Pangamsäurerohproduktes" mittels Kapillarelektrophorese

Mittels Kapillarelektrophorese sollte untersucht werden, ob es sich bei der hier vorliegenden „Pangamsäure" um eine homogene Substanz oder ein Substanzgemisch handelt. Mit der hierfür entwickelten Trennmethode (siehe Methoden) konnte das von der Firma Aqua Nova als Natriumpangamat ausgezeichnete Substanzgemisch in drei Komponenten aufgetrennt werden (Abb. 47).

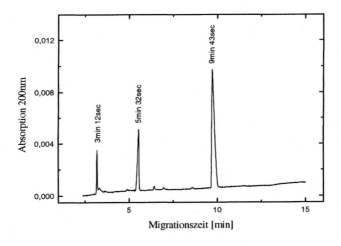

Abb. 47: Elektropherogramm des „Pangamsäurerohproduktes"

3.3.2 Reinigung der Einzelkomponenten der „Pangamsäure"

Mit Hilfe von Chloroform als Extraktionsmittel konnte die „Pangamsäure" in eine chloroformlösliche (Fraktion 1) und eine chloroformunlösliche Fraktion (Fraktion 2) aufgetrennt werden.

Die Fraktion 1 wurde nach der Extraktion mit Chloroform aus heißem n-Hexan umkristallisiert. Man erhält weiße nadelförmige Kristalle, welche in Wasser ebenso wie in organischen Lösungsmitteln (Methanol, n-Hexan, Chloroform) löslich sind.

Die Fraktion 2 wurde nach mehrmaligem Waschen mit Chloroform und heißem Methanol aus Wasser umkristallisiert. Das so erhaltene weiße Pulver ist nur in Wasser löslich und zersetzt sich beim Erhitzen.

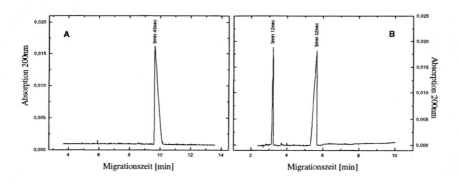

Abb. 48: Elektropherogramm von **A** chloroformlöslicher Fraktion (Fraktion 1) **B** chloroformunlöslichem Rest (Fraktion 2)

Die Fraktion 2 besteht, wie im Elektropherogramm erkennbar, aus zwei, die Fraktion 1 aus einer Substanz (Abb. 48 A+B). Die Tatsache, daß es sich bei dem als „Pangamsäure" deklarierten Produkt um eine Mischung aus drei Substanzen handelt, läßt vermuten, daß es sich um das in der Literatur beschriebene Gemisch aus Glycin, Gluconsäure und Diisopropylammoniumdichloracetat handelt. Anhand der kapillarelektrophoretischen Trennung eines Gemischs von Glycin, Gluconsäure und der Fraktion 2 konnte diese Vermutung bestärkt werden (Abb. 49 A+B).

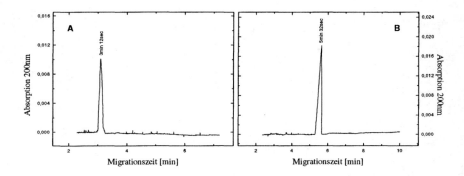

Abb. 49: Elektropherogramm von **A** Glycin **B** Gluconsäure

Die beiden Substanzen der Fraktion 2 besitzen die selben Migrationszeiten bei der kapillarelektrophoretischen Trennung wie Glycin (3 min 12 sec) und Gluconsäure (5 min 32 sec).

Die beiden Substanzen der Fraktion 2, die aufgrund ihres ähnlich hydrophilen Charakters schwer präparativ zu trennen waren, wurden deshalb immer gemeinsam analysiert.

3.3.3 Strukturaufklärung der Einzelkomponenten mit Hilfe von spektroskopischen Methoden und Elementaranalyse

Anhand der Elementaranalyse, NMR und IR-Spektroskopie, sowie der Massenspektrometrie sollen die Substanzen des als „Pangamsäure" deklarierten Gemisches identifiziert werden.

3.3.3.1 Analyse der Fraktion 1:

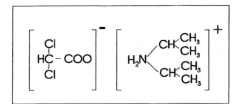

Abb. 50: Diisopropylammoniumdichloracetat
(DIPA)

3.3.3.1.1 Elementaranalyse

Das Ergebnis der Elementaranalyse stimmt in etwa mit den theoretisch erwarteten Werten für DIPA überein (Tab. 8).

Tab. 8: Elementaranalyse von Fraktion 1 und theoretische Werte von DIPA

	Fraktion 1	DIPA
Element	Gewichtsprozent	
Stickstoff	6,18%	6,09%
Kohlenstoff	41,72%	41,75%
Wasserstoff	7,22%	7,45%

Um zu überprüfen ob Halogene in der Verbindung enthalten sind, wird die Substanz mit metallischem Natrium aufgeschlossen und danach die wäßrige Lösung der Natriumsalze auf den Gehalt an Halogenidionen mit Silbernitrat untersucht. Der sich bildende weiße Silberhalogenidniederschlag überzieht sich nach Zugabe von Ammoniak und Kaliumhexacyanoferrat-Lösung mit einer braunen Schicht $Ag_3[Fe(CN)_6]$. Daraus kann man schließen, daß es sich bei dem Halogen um Chlor handeln muß, da sich unter diesen Bedingungen nur Silberchlorid in Ammoniak löst.

3.3.3.1.2 NMR

(NMR-Spektren siehe Anhang, Seite 142-143)

Tab. 9: ^{1}H-NMR: 300,13 MHz, CDCl$_3$ (als interner Standard)

δ_H	Integral	Art	Zuordnung
9,11	2H	Singulett	NH$_2$
5,78	1H	Triplett	CH 1X
3,30	2H	Singulett	CH 2X
1,27	12H	Duplett	CH$_3$ 4X

Im ^{1}H-NMR-Spektrum der Fraktion 1 erkennt man vier Signalgruppen (Tab. 9). Ein duplettartiges Signal bei δ=1,27, ein breites Singulett bei δ=3,30, ein triplettartiges Signal bei δ=5,78 und ein breites Singulett bei δ=9,11. Aufgrund der Integration stehen diese drei Absorptionen im Verhältnis 12:2:1:2. Also kann man davon ausgehen, daß insgesamt n·17 H-Atome im Molekül vorhanden sind. Bei dem duplettartigen Signal handelt es sich um eine Absorption von CH-CH$_3$-Protonen.

Tab. 10: ^{13}C-NMR: 75 MHz, CDCl$_3$ (als interner Standard)

δ_C	J [Hz]	Art	Zuordnung
168,04	—	Singulett	Cq
69,41	178,2	Duplett	CH
46,56	142,0	Duplett	CH
18,78	127,6	Quartett	CH$_3$

Im ^{1}H-breitbandentkoppelten ^{13}C-NMR-Spektrum sind vier Signale für vier verschiedene C-Atome erkennbar (Tab. 10). Das gekoppelte Spektrum zeigt, daß es sich bei der Absorption bei δ=168 (Singulett) um ein quarternäres, bei dem Signal bei δ=69,41 und 46,56 (Dupletts) um CH-Gruppen und bei dem Signal bei δ=18,78 (Quartett) um Methylgruppenabsorptionen handelt. Insgesamt stehen die NMR-Spektren im Einklang mir der Struktur von DIPA.

3.3.3.1.3 Massenspektrometrie

Auch im Massenspektrum ist das stärkste Signal das Ion mit $m/z=102$, das exakt die Masse des Diisopropylammoniumions hat.

3.3.3.1.4 IR-Spektroskopie

Zur zusätzlichen Absicherung der Struktur wurde ein IR-Spektrum der Substanz aufgenommen (Tab. 11, Spektrum auf Seite 144).

Tab. 11: IR-Daten der Fraktion 1

Bandenlagen [cm^{-1}]	Art	Intensität	Zuordnung
>3000	scharf	stark	ν(N-H)
2100, 2495	scharf	schwach, mittel	ν(-NH$_3^+$)
1637	scharf	stark	ν(C=O)
1400	scharf	mittel	$\nu_{a.s.}$(C-O)
1364, 1380	scharf	stark	γ(-CH(CH$_3$)$_2$)
700-820	scharf	mittel	ν(C-Cl)

Das IR-Spektrum zeigt alle typischen Absorptionsbanden, die man für dieses Molekül erwarten würde. Bei 1637 cm^{-1} erkennt man eine für das Carboxylation charakteristische Carbonylabsorption. Die Bande bei 1400 cm^{-1} ist demnach die zugehörige Absorption der antisymmetrischen Valenzschwingungen der Carboxylatgruppe. Die Absorptionen bei 1364 und 1380 cm^{-1} sind charakteristisch für -CH(CH$_3$)$_2$-Gruppenschwingungen. Ebenso zeigt das Spektrum Absorptionsbanden für Ammoniumgruppen-Valenzschwingungen oberhalb 3000 cm^{-1}, sowie im Fingerprintbereich um 700-820 cm^{-1} relativ starke Absorptionsbanden für C-Cl-Valenzschwingungen.

3.3.3.2 Analyse der Fraktion 2:

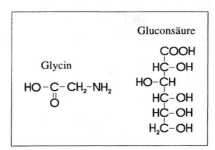

Abb. 51:
Strukturformel für Glycin und Gluconsäure

3.3.3.2.1 Elementaranalyse

Durch die Elementaranalyse konnte festgestellt werden, daß wenigstens eine der beiden Substanzen stickstoffhaltig ist (Tab. 12). Die ermittelten Gewichtsprozente sind jedoch unbrauchbar, da es sich bei der Fraktion 2 um ein Substanzgemisch handelt und daher nicht angegeben. In der Fraktion 2 wurtden die Elemente Stickstoff, Kohlenstoff und Wassrstoff nachgewiesen.
Durch den Aufschluß der Substanzen der Fraktion 2 mit metallischem Natrium konnten keine weiteren Heteroatome bestimmt werden.

3.3.3.2.2 NMR

(NMR-Spektren siehe Anhang, Seite 144-146)

Im ^{1}H-NMR-Spektrum sind sechs verschiedene Signale erkennbar, fünf Signale im Bereich von $\delta=3{,}4\text{-}4$ und ein Singulett bei $\delta= 4{,}85$ (Tab. 13). Da es sich bei der Fraktion 2 wahrscheinlich um keine 1:1 Mischung der beiden Substanzen handelt, kann man die Integration der Signale nicht für eine Interpretation heranziehen. Für ein Gemisch von Glycin und Gluconsäure werden im ^{1}H-Spektrum die Signale von sechs verschiedenen Protonengruppen erwartet: fünf Signalgruppen für die Gluconsäure und ein Signal für die CH$_2$-Gruppe von Glycin. Alle Protonensignale aus Amino- und Hydroxylgruppen verschwinden durch den Austausch mit Deuterium aus dem Lösungsmittel D$_2$O.

Tab. 13: ^{1}H-NMR: 300,13 MHz, (D$_2$O als Lösungsmittel)

δ_H	Art	Zuordnung	
3,47	Singulett	CH$_2$	
3,57	Singulett	CH	
3,66	Singulett	CH	Gluconsäure
3,92	Singulett	CH	
4,05	Singulett	CH	
4,85	Singulett	Glycin (CH$_2$)	

Das ^{1}H-breibandentkoppelte ^{13}C-NMR-Spektrum zeigt acht Signale, davon liegen zwei bei $\delta=179,17$ und $\delta=173,03$ die Absorptionen von quarternären C-Atomen einer Carboxylgruppe sind (Tab. 14). Aus dem J-modulierten Spinecho-Spektrum lassen sich die restlichen Signale verschiedenen Strukturelementen zuordnen. Die vier Signale bei $\delta= 74,28-71,28$ sind demnach Absorptionen von CH-Gruppen, die Signale bei $\delta= 62,8$ und $\delta=41,86$ Absorptionen von CH$_2$-Gruppen.

Tab. 14: ^{13}C-NMR: 75 MHz, D$_2$O

δ_C	Zuordnung
179,17	C$_q$
173,03	C$_q$
74,28	CH
72,76	CH
71,45	CH
71,28	CH
62,80	CH$_2$
41,86	CH$_2$

Insgesamt stehen die NMR-Spektren sowie die Elementaranalyse mit der Struktur von Glycin und Gluconsäure im Einklang. Zur zusätzlichen Absicherung der durch die NMR-Spektren bestätigten Vermutung, daß es sich bei Fraktion 2 um ein Gemisch aus Glycin und Gluconsäure handelt, wurde ein IR-Spektrum der Fraktion aufgenommen.

3.3.3.2.3 IR-Spektroskopie

Im IR-Spektrum (siehe Anhang, Seite 147) erkennt man die für das Carboxylation charakteristische Carbonylabsorption der antisymmetrischen Valenzschwingung bei 1611 cm^{-1} und seine zugehörige Absorption der symmetrischen Valenzschwingung bei 1408 cm^{-1}. Die Absorption bei 1096 cm^{-1} stellt eine charakteristische Absorption für C-O-Valenzschwingungen dar. Oberhalb von 3000 cm^{-1} erscheint die Absorption der Ammoniumgruppe unter den Banden der O-H-Gruppenabsorptionen (OH in H-Brücken und in intramolekularen Chelat-H-Brücken). Das IR-Spektrum zeigt also alle typischen Absorptionsbanden, die man für dieses Substanzgemisch erwartet (Tab. 15).

Tab. 15: IR-Daten der Fraktion 2

Bandenlagen [cm-1]	Art	Intensität	Zuordnung
~3000 mehrere Banden	breit	stark	ν(N-H), ν(O-H)
2100, 2495	breit	schwach, mittel	ν(-NH$_3^+$)
1611	mittel	stark	ν(C=O)
1408	scharf	stark	$\nu_{a.s.}$(C-O)
1096	scharf	mittel	ν(C-O)

3.3.4 Vergleich der Zusammensetzung der „Pangamsäure" mit einem Handelsprodukt auf dem deutschen Markt

Ein auf dem deutschen Markt erhältliches pangamsäurehaltiges Produkt der Firma OYO (Tabletten, Migräneprophylaxe) wurde mit Hilfe der Kapillarelektrophorese auf seine Inhaltstoffe hin untersucht. Dazu wurde die zuckerhaltige äußere Schicht der Tabletten entfernt und der Rest mit bidestilliertem Wasser extrahiert. Der Extrakt wurde nach Filtration mittels Kapillarelektrophorese aufgetrennt.

Das Elektropherogramm (Abb. 52) des wäßrigen Extrakt zeigt das gleiche Peakmuster wie das des „Pangamsäure"-Rohproduktes. Daher kann man spekulieren, daß es sich bei der hier verwendeten „Pangamsäure" um das gleiche Substanzgemisch aus Glycin, Gluconsäure und Diisopropylammoniumdichloracetat handelt. Anhand der kapillarelektrophoretischen Trennung eines Gemisches aus „Pangamsäure"-Rohprodukt und wäßrigem Extrakt aus OYO-Tabletten konnte diese Annahme bestärkt werden. Die drei Substanzen des wäßrigen Extrakts haben demnach die gleichen Migrationszeiten bei der kapillarelektrophoretischen Trennung wie Glycin (3 min 12 sec), Gluconsäure (5 min 32 sec) und DIPA (9 min 43 sec).

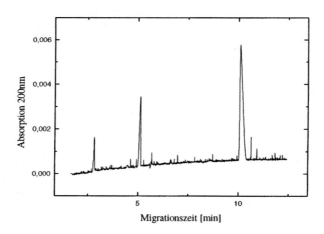

Abb. 52: Co-Elektropherogramm des wäßrigen Extrakts aus OYO-Tabletten und des „Pangamsäurerohproduktes".

3.3.5 Zusammenfassung

Mittels Kapillarelektrophorese konnte das als „Pangamsäure" deklarierte Substanz-Gemisch in drei Komponenten aufgetrennt werden. Durch Chloroformextraktion gelang es, eine der Substanzen von den beiden anderen sauber abzutrennen. Mittels Elementaranalyse, NMR-Spektroskopie, IR-Spektroskopie, Massenspektrometrie und nicht zuletzt der Kapillarelektrophorese konnten die Substanzen als Diisopropylammoniumdichloracetat (DIPA), Glycin und Gluconsäure identifiziert werden. Weiterhin stellte sich heraus, daß ein auf dem deutschen Markt erhältliches Produkt mit Namen „OYO", das für sich in Anspruch nimmt, die „echte, natürlich vorkommende Pangamsäure" zu enthalten, das gleiche Substanzgemisch enthält.

3.4 Antioxidative Eigenschaften der „Pangamsäure"

Im folgenden Kapitel wird der Einfluß der „Pangamsäure" und ihrer Einzelkomponenten auf die Cu(II)- und Peroxynitrit-induzierte sowie Glucose-überstimulierte LDL-Oxidation untersucht.

3.4.1 Einfluß von DIPA, Glycin und Gluconsäure auf die Oxidation von LDL

3.4.1.1 Einfluß der „Pangamsäure" bzw. ihrer Einzelkomponenten auf die Dienbildung

In den folgenden Graphiken ist der Einfluß der „Pangamsäure"-Einzelkomponenten, sowie des Gemischs auf die Cu(II)-induzierte Bildung konjugierter Diene dargestellt.

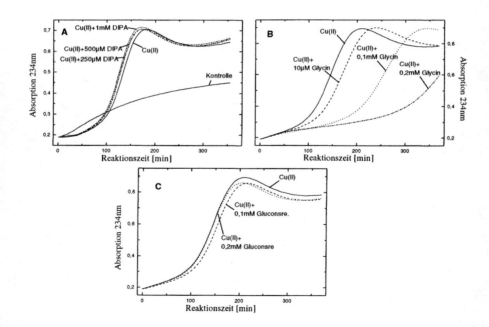

Abb. 53: Einfluß von „Pangamsäure"-Komponenten auf die Cu(II)-induzierte Bildung konjugierter Diene im LDL; A DIPA, B Glycin, C Gluconsäure; (Cu(II) 1,67 µM)

3 Ergebnisse

Die unterschiedlichen Lagzeiten von Kontroll-LDL-Proben sind auf einen schwankenden Antioxidantiengehalt zurückzuführen. Wie in Abb. 53 zu sehen, verlängert nur Glycin die Lagphase der Dienkonjugation konzentrationsabhängig, d.h. die Bildung konjugierter Diene und somit die Lipidperoxidation werden verzögert. DIPA und Gluconsäure haben beide keinen Einfluß auf die Cu(II)-induzierte Bildung konjugierter Diene.

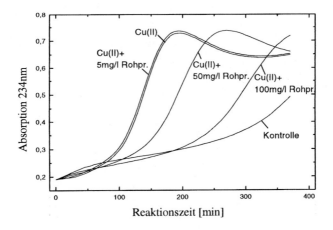

Abb. 54: Einfluß der „Pangamsäure" auf die Cu(II)-induzierte Bildung konjugierter Diene im LDL; Cu(II) 1.67 µM, LDL 0,05µM

Auch durch den Zusatz des „Pangamsäure"-Gemisches erhält man über den Hemmeffekt des Glycins hinaus keine weiter Verstärkung des Effekts durch DIPA und Gluconsäure.

Die Hemmung der Dienbildung durch Glycin beruht auf der Komplexierung des Cu(II) durch die Aminosäure. Dieser Effekt ist bekannt und daher nicht weiter interessant. In den folgenden Versuchen wurde nur noch DIPA, die angeblich reaktive Komponente der Pangamsäure, eingesetzt.

Als nächstes wird der Einfluß von DIPA auf die ONOOH- und Sin1-induzierte und Glucoseüberstimulierte Bildung konjugierter Diene untersucht.

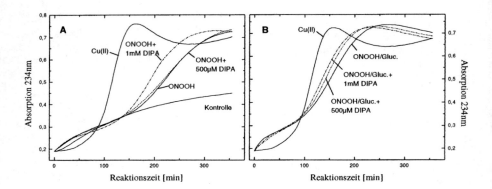

Abb. 55: Einfluß von DIPA auf die **A** ONOOH-induzierte und **B** Glucose-überstimulierte Bildung konjugierter Diene im LDL; ONOOH 10 µM, Glucose 20 mM, Cu(II) 1,67 µM;

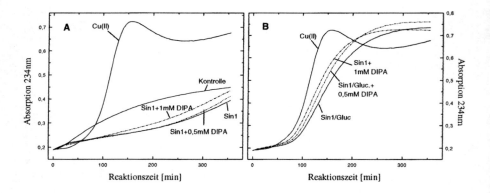

Abb. 56: Einfluß von DIPA auf die **A** Sin1-induzierte und **B** Glucose-überstimulierte Bildung konjugierter Diene im LDL; Sin1 10 µM, Glucose 20 mM, Cu(II) 1,67 µM;

3 Ergebnisse

DIPA hat wie in Abb. 55 und 56 zu sehen auf die Bildung von konjugierten Dienen keinen hemmenden, sondern eher einen leicht stimulierenden Einfluß. Der stimulierende Effekt der Glucose auf die Sin1- und ONOOH-induzierte Dienbildung wird ebenfalls durch DIPA nicht geschwächt, sondern noch verstärkt.

3.4.1.2 Einfluß der „Pangamsäure" auf die elektrophoretische Mobilität von LDL

Die Oxidation von LDL führt eine Änderung im Ladungsmuster des Proteinanteils mit sich, wodurch die elektrophoretische Mobilität von LDL auf Agarosegelen erhöht wird.

Es ist anzunehmen, daß das relativ polare Molekül DIPA nicht mit dem Fettkern des LDL wechselwirkt, sondern vermutlich in der Lage sein wird einen protektiven Effekt auf die Oxidation des Proteinanteils auszuüben. Im folgenden wird untersucht, ob DIPA die Oxidation des Proteinanteils durch Cu(II) und ONOOH hemmt. Die Oxidation durch Sin1 wird, da sie so wenig signifikant ist, nicht mituntersucht.

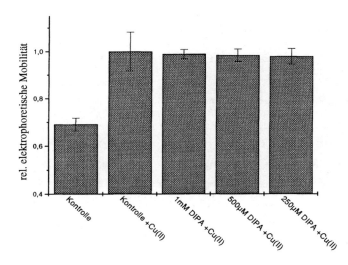

Abb. 57: Erhöhung der relativen Mobilität von LDL im Agarosegel durch Inkubation mit Cu(II) (3µM); Einfluß von DIPA

Wie in Abb. 57 zu sehen, hat DIPA keinen Einfluß auf die Cu(II)-bedingte Erhöhung der elektrophoretischen Mobilität von LDL auf Agarosegelen.

Bei der Peroxynitrit-induzierten Oxidation wird jeweils auch untersucht, ob DIPA einen Einfluß auf die kombinierte ONOOH/Glucose-Reaktion hat.

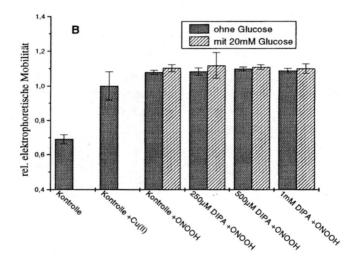

Abb. 58: Erhöhung der elektrophoretischen Mobilität von LDL durch Inkubation mit ONOOH (+Glucose); Einfluß von DIPA; Cu(II) 3µM, ONOOH 250 µM, Glucose 20 mM

Die „wirksame" Komponente der „Pangamsäure", DIPA, hat keinen Einfluß auf die ONOOH-induzierte und „Glucose-überstimulierte" Erhöhung der elektrophoretischen Mobilität von LDL (Abb. 58). Der leicht stimulierende Effekt der LDL-Oxidation durch DIPA konnte in diesem System nicht beobachtet werden.

3.4.1.3 Einfluß der „Pangamsäure" auf die Kupfer II-Bindungsfähigkeit von LDL

LDL weist eine Fluoreszenz im UV-Bereich auf; sie ist durch die 37 Tryptophanreste des Apolipoproteins bedingt und besitzt in PBS ein Anregungsmaximum bei 282 nm und ein Emissionsmaximum bei 331 nm; normalerweise sind 8 bis 9 Tryptophanreste vom wäßrigen Medium aus zugänglich, ihre Fluoreszenz (21 % der Gesamtfluoreszenz) kann durch Bindung von Cu(II) an nahegelegene Bindungsstellen gequencht werden (GIEßAUF et al., 1995). Eine strukturelle Veränderung dieser Bindungsstellen durch Bindung von DIPA oder eine Komplexierung der Cu(II)-Ionen müßte durch eine Veränderung des Fluoreszenzquenching angezeigt werden.

In Abbildung 59 sind die Effekte von DIPA, Glycin und Gluconsäure auf die Cu(II)-Bindungsfähigkeit des ApoB-100 dargestellt.

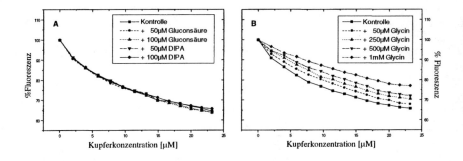

Abb. 59: Tryptophan-Fluoreszenzquenching durch Cu(II) in Anwesenheit der „Pangamsäure"-Einzelkomponenten: **A** DIPA oder Gluconsäure, **B** Glycin

Wie vorhergesehen haben DIPA und Gluconsäure, die beide keinen Einfluß auf die Cu(II)-induzierte LDL-Oxidation haben, auch keinen Einfluß auf die Bindung von Cu(II) an LDL (Abb. 59). Glycin hemmt die Bindung von Cu(II) an den Proteinteil des LDL konzentrationsabhängig. Dieser Effekt beruht wahrscheinlich auf der Fähigkeit von Glycin Cu(II) zu komplexieren.

3.4.1.4 Zusammenfassung

Diisopropylammoniumdichloracetat (DIPA), die angeblich reaktive Komponente der „Pangamsäure", zeigt keinerlei antioxidative Wirkung bei der Oxidation von LDL. Es ist lediglich eine leichte Stimulierung der ONOOH- und Sin1-induzierten sowie Glucose-überstimulierten Bildung konjugierter Diene im LDL beobachtbar. Auch auf die Erhöhung der elektrophoretischen Mobilität durch Cu(II) oder Peroxynitrit hat DIPA keinen Einfluß. Glycin ist die einzige der drei Komponenten der „Pangamsäure", die eine Verzögerung der Bildung konjugierter Diene bewirkt und die Bindung von Kupferionen an den ApoB-100-Teil des LDL konzentrationsabhängig hemmt. Ein synergistischer Effekt durch Einsetzen des Gemisches der drei Komponenten konnte nicht beobachtet werden.

3.5 Mitochondriales System

Da beide Substanzen, Q_{10} und „Pangamsäure", einen Einfluß auf die mitochondriale Atmung haben sollen, wird dies im folgenden untersucht (LENAZ et al., 1991; STACPOOLE, 1977).

Die Stimulierung der Atmungskette, durch die „Pangamsäure" ist bisher noch nirgendwo auch nur annähernd ausreichend beschrieben. Versuche an isolierten Mitochondrien wurden noch nicht durchgeführt. Im folgenden wird daher der Einfluß der „Pangamsäure" auf die mitochodriale Atmung von Rattenleberrmitochondrien, unter besonderer Berücksichtigung der Cytochromoxidase, untersucht.

Die Hauptfunktion von Coenzym Q_{10} ist nicht seine Rolle als Antioxidans, sondern seine Funktion als Elektronencarrier in der mitochondrialen Atmungskette. Die Affinität von Coenzym Q_{10} zu den Enzymen, mit welchen es in der Atmungskette wechselwirkt, ist nicht hoch genug, um sie in einer physiologischen Chinon-Konzentration in der Membran zu saturieren. Daher soll nun untersucht werden, ob man die Atmungsrate von isolierten Rattenlebermitochondrien durch externes Ubichinon steigern kann.

3.5.1 Bestimmung des Einflusses von DIPA auf die mitochondriale Atmung

Abb. 60 und 61 zeigen die Atmungsparameter von Rattenlebermitochondrien in Abhängigkeit von der DIPA-Konzentration im Reaktionsansatz unter Zusatz von Malat/Glutamat oder Succinat als Substrate der Atmung. Die Messungen wurden an der Sauerstoffelektrode durchgeführt und das Atmungskontrollverhältnis sowie das P/O-Verhältnis, wie unter Kapitel 2.2.5.3 beschrieben, berechnet. Bei Zusatz von Succinat als Substrat wurde zusätzlich noch Rotenon zugesetzt, um eine Elektronenübertragung auf den Komplex I vollständig ausschließen zu können.

Mißt man den Sauerstoffverbrauch der Mitochondrien mit Glutamat/Malat als Substrat, d.h. die Elektronen werden am Komplex I in die Elektronentransportkette eingeschleust, kann man eine signifikante Erhöhung des Sauerstoffverbrauchs durch DIPA (10 mM) im Zustand IV (Abb 60A) erkennen. Auf den Zustand III (Abb. 60B) hat DIPA keinen erkennbaren Einfluß. Dadurch sinkt das Atmungskontrollverhältnis (Abb. 60, C: RC) mit steigender DIPA-Konzentration im Reaktionsansatz, während sich das P/O-Verhältnis nicht signifikant ändert (Abb. 60, D: P/O).

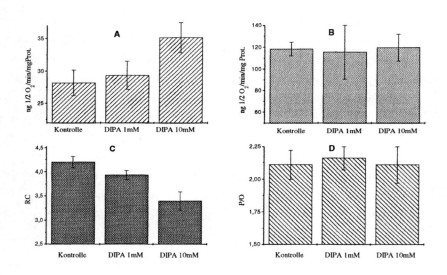

Abb. 60: Atmungsparameter von RLM nach Behandlung mit DIPA; Substrat: Glutamat/Malat je 5 µM; A: Atmungszustand IV, B: Atmungszustand III, C: Atmungskontrollverhältnis, D: P/O-Verhältnis

Die Versuche mit Succinat als Substrat der Atmung konnten wegen Zeitmangel nicht mit genügend Wiederholungen durchgeführt werden und sind deshalb in Abb. 61 ohne Standardabweichungen dargestellt.

In Abb. 61 ist das gleich Ergebnis erkennbar wie mit Glutamat/Malat als Substrat. Der Sauerstoffverbrauch im Zustand IV (Abb. 61A) ist erhöht, während er sich im Zustand III (Abb. 61B) nicht signifikant ändert. Daher kommt es auch hier zu einer konzentrationsabhängigen Abnahme des Atmungskontrollverhältnisses (Abb. 61, C: RC) durch DIPA, während das P/O-Verhältnis sich nicht signifikant ändert (Abb. 61, D: P/O).

3 Ergebnisse

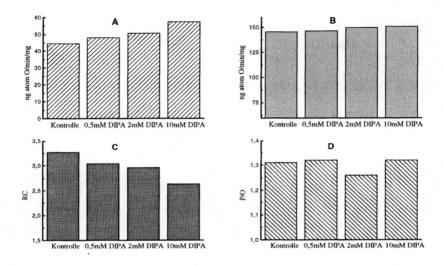

Abb. 61: Atmungsparameter von RLM nach Behandlung mit DIPA; Substrat: Succinat 10 µM, Rotenon 5 µM, **A**: Atmungszustand IV, **B**: Atmungszustand III, **C**: Atmungskontrollverhältnis, **D**: P/O-Verhältnis

3.5.1.1 Einfluß von DIPA auf den Redoxzustand der Cytochromoxidase

Würde die „Pangamsäure" tatsächlich nach Art eines Coenzyms oder allosterischen Effektors an die Cytochromoxidase binden, könnte dies das Verhältnis von reduziertem zu oxidiertem Cytochrom a während der Atmung im Zustand IV verschieben. Um einen solchen Effekt messen zu können, wird das reduzierte Cytochrom a von isolierten Rattenlebermitochondrien am Photometer bei 605 nm gemessen. Dies ist möglich, da sich das Absorptionsmaximum von Cytochrom a bei der Reduktion verschiebt.

In Abb. 62 ist die Differenz zwischen der Absorption einer Mitochondriensuspension bei 605 nm und 630 nm nach Zugabe eines Substrates über eine Zeitspanne hin aufgetragen. Die Kurvenverläufe für Malat/Glutamat und Succinat als Substrat sind sehr ähnlich (Abb. 62 A+B). Nach Zugabe des Substrats steigt die Absorption während der ersten 2,5 Minuten steil an und bleibt dann für ca. 10 Minuten konstant. Danach steigt die Absorption wieder steil an und bleibt dann konstant auf einem Niveau, das auch durch Zugabe von Dithionit als Reduktionsmittel nicht mehr angehoben wird.

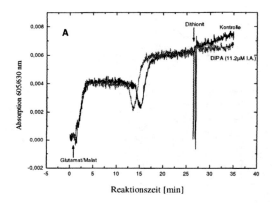

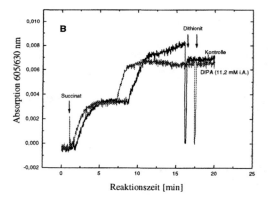

Abb. 62: Redoxzustand der Cytochromoxidase in isolierten Mitochondrien; Einfluß von DIPA

A Glutamat/Malat als Substrat
B Succinat als Substrat, Zusatz von Rotenon

Durch Zugabe von DIPA (11,2 mM i.A.) wird in beiden Fällen das Niveau nach dem ersten, sowie nach dem zweiten Anstieg der Absorption nicht verändert. Lediglich die Zeit zwischen dem ersten und zweiten Anstieg wird verringert, was auf einen schnelleren Sauerstoffverbrauch, wie er auch schon an der Sauerstoffelektrode gemessen werden konnte, hinweist.

3.5.2 Einfluß von Coenzym Q_{10} bzw. Emulgator auf die mitochondriale Atmung

Bisher stand für Ubichinon, wegen seines stark hydrophoben Charakters, noch kein geeignetes Lösungsmittel zur Verfügung, welches die mitochondriale Atmung nicht beeinflußt. Die meisten organischen Lösungsmittel wirken in einem solchen System als starke Entkoppler der Atmungskette. Im folgenden soll daher der Einfluß des Emulgators auf die mitochondriale Atmung getestet werden.

In Abb. 63 ist deutlich zu erkennen, daß durch den Emulgator die Sauerstoffverbrauchsraten im Zustand III und IV (Abb. 63 A+B) der Mitochondrien konzentrationsabhängig gehemmt werden. Schon eine sehr geringe Konzentration von 22,7 mg/l senken die Sauerstoffverbrauchsraten (Abb. 63, C: RC) sowie das Atmungskontrollverhältnis (Abb. 63, D: P/O) merkbar. Da geringere Konzentrationen an Emulgator auch geringere mögliche Konzentrationen an Ubichinon mit sich führen, wird im folgenden mit dieser, gerade noch vertretbaren Konzentration an Emulgator gearbeitet.

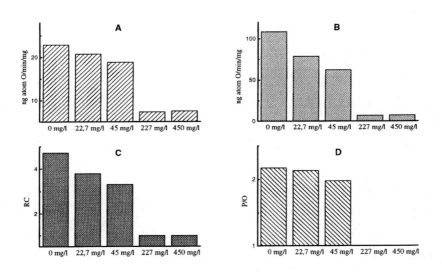

Abb. 63: Atmungsparameter von RLM nach Behandlung mit Emulgator, Substrat: Glutamat/Malat je 5 µM
A: Atmungszustand IV, B: Atmungszustand III, C: Atmungskontrollverhältnis, D: P/O-Verhältnis

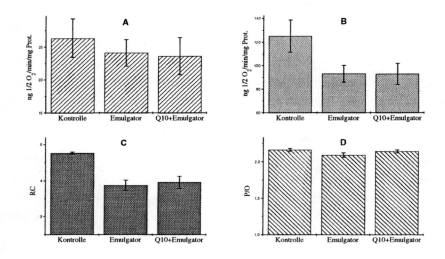

Abb. 64: Atmungsparameter von RLM nach Behandlung mit Ubichinon (8,76 µM) und Emulgator (22,7 mg/l), Substrat: Glutamat/Malat je 5 µM; **A**: Atmungszustand IV, **B**: Atmungszustand III, **C**: Atmungskontrollverhältnis, **D**: P/O-Verhältnis

Wie Abb. 64 zeigt, kann man durch den Zusatz von 8,76 µM Ubichinon zum Reaktionsansatz eine Stimulierung der Sauerstoffverbrauchsraten im Zustand III (Abb. 64A) und Zustand IV (Abb. 64B) nicht beobachtet werden. Der hemmende Effekt des Emulgators wird nicht aufgehoben.

3.5.3 Zusammenfassung

Betrachtet man die Atmungsparameter von RLM nach Behandlung mit DIPA, fällt auf, daß die Sauerstoffverbrauchsrate im Zustand IV gesteigert wird, während der Sauerstoffverbrauch im Zustand III unverändert bleibt. Hierdurch kommt es zur Verschlechterung des Atmungskontrollverhältnisses. DIPA hat also die Wirkung eines Entkopplers.

Der Emulgator, setzt man ihn in Konzentrationen ein, die für Versuche mit Ubichinon benötigt werden, führt zum Zusammenbruch des Elektronentransports. Es ist demnach nicht möglich, Ubichinon in ausreichend hohen Konzentrationen im Reaktionsansatz einzusetzen, so daß eine Stimulierung des Sauerstoffverbrauches beobachtbar wäre.

4 Diskussion

Die Oxidation von LDL, die bei Diabetikern verstärkt beobachtet wird, sieht man als einen initialen Prozeß bei der arteriosklerotischen Erkrankung an. In dieser Arbeit wurde besonders die Rolle von Peroxynitrit bei der Initiierung der LDL-Oxidation berücksichtigt. Hierzu wurde das destruktive Potential von Peroxynitrit bei der Ethenfreisetzung aus KMB mit Fentontyp-Oxidantien verglichen, sowie der Einfluß von Glucose und anderen OH-Radikalfängern auf die Peroxynitrit-induzierte LDL-Oxidation diskutiert.

Die Empfindlichkeit von LDL-Partikeln gegenüber Oxidation wird unter anderem von ihrem Antioxidantiengehalt beeinflußt (CROFT et al., 1995). Daher haben fettlösliche Antioxidantien wie α-Tocopherol und Carotinoide antiatherosklerotische Eigenschaften. In der vorliegenden Arbeit wurde versucht die antioxidativen Eigenschaften von Coenzym Q_{10} und α-Tocopherol bei der Cu(II)- und Peroxynitrit-induzierten LDL-Oxidation näher zu charakterisieren und eine Möglichkeit zur Regenerierung von Coenzym Q_{10} im LDL zu finden.

Neben den körpereigenen Schutzsystemen gibt es noch andere natürlich vorkommende Antioxidantien, die antiatherogene Eigenschaften haben. Eine dieser Substanzen soll die 1954 von Krebs erstmals isolierte „Pangamsäure" sein. Daher wurde in dieser Arbeit untersucht, ob die „Pangamsäure" antioxidative Eigenschaften bei der LDL-Oxidation aufweist.

In der Literatur werden eine Vielzahl von Substanzen als „Pangamsäure" bezeichnet. Deshalb wurde zuerst untersucht, ob es sich bei der hier vorliegenden „Pangamsäure" um eine homogene Substanz oder ein Substanzgemisch handelt, und eine Strukturaufklärung mit Hilfe von spektroskopischen Methoden durchgeführt. Da die „Pangamsäure" Enzyme des Elektronentransports stimulieren soll, wurde zusätzlich noch der Einfluß der „Pangamsäure" auf den Elektronentransport isolierter Rattenleber-Mitochondrien untersucht.

Auch Ubichinon spielt eine Rolle bei der oxidativen Phosphorylierung. Die Geschwindigkeit des Elektronentransports ist dabei abhängig von der Ubichinon-Konzentration in der inneren Mitochondrienmembran. In dieser Arbeit wurde der Einfluß von exogen angebotenem Ubichinon auf den Sauerstoffverbrauch von Rattenleber-Mitochondrien getestet.

4.1 Vergleich von Peroxynitrit mit Fentontyp-Oxidantien

Um die Cu(II) und Peroxynitrit-katalysierte LDL-Oxidation besser verstehen und vergleichen zu können, wurde Peroxynitrit zunächst auf eine „Oxidationskraft" hin untersucht und mit Fenton-Typ Oxidantien verglichen.

Über die Beteiligung des Hydroxylradikals an Oxidationsreaktionen des Peroxynitrits wird zur Zeit diskutiert (PRYOR und SQUADRITO, 1995; KAUR et al., 1997). Die Bildung des Hydroxylradikals während einer homolytischen Spaltung von Peroxynitrit wird von mehreren Autoren angezweifelt (SHI et al., 1994; SOSZYNSKI und BARTOSZ, 1996; KOPPENOL et al., 1992; LEMERCIER et al., 1995; HOUK et al., 1996). Die homolytische Spaltung würde eine Aktivierungsenergie von 85 kJ/mol benötigen, wogegen die Rückreaktion

$$NO_2^{\bullet} + {}^{\bullet}OH \Rightarrow ONOOH$$

spontan mit einer Geschwindigkeitskonstante von $4 \cdot 10^9 M^{-1} s^{-1}$ abläuft (LOGAGER und SEHESTED, 1993). Spin-Trap-Experimente ergaben, daß der Prozentsatz von freiem Hydroxylradikal (1-4% des gesamten Peroxynitrits) zu gering ist, um die cytotoxischen Reaktionen von Peroxynitrit erklären zu können (POU et al, 1995). Es wird daher eine angeregte Zwischenstufe ONOOH* postuliert, die an der Reaktion von ONOOH zu Nitrit beteiligt ist (VASQUEZ-VIVAR et al., 1996). Diese aktivierte Spezies ist weniger reaktiv als das Hydroxylradikal aber reaktiver als Peroxynitrit im Grundzustand. ONOOH* reagiert mit Substraten zu Produkten die ähnlich denen sind, die durch eine Reaktion mit dem Hydroxylradikal entstehen (RADI et al., 1993; SQUADRIDO et al., 1995). Die Idee von einer reaktiven Zwischenstufe des Peroxynitrits ist jedoch noch nicht vollständig akzeptiert (KOPPENOL et al., 1992; VASQUEZ-VIVAR et al., 1996).

Einige Beobachtungen sprechen jedoch für eine Beteiligung von Hydroxylradikalen an Reaktionen mit Peroxynitrit:

- Peroxynitrit oxidiert Substrate wie Dimethylsulfoxid, Luminol, Wasserstoffperoxid und 2,2´-Azino-bis(3-ethyl-1,2-dihydrobenzothiazolin-6-sulfonat) (ABTS) in einer Reaktion nullter Ordnung, die charakteristisch ist für Reaktionen von reaktiven Radikalen, wie das Hydroxylradikal eines ist (RADI et al., 1993; SQUADRIDO et al., 1995).
- LEMERCIER et al. (1995) konnten feststellen, daß beim Zerfall von Peroxynitrit Spin-Adukkte mit Dimethyl-Pyrolin-N-Oxid entstehen, die typisch sind für das OH-Radikale.

In dieser Arbeit wurde daher versucht, zwischen Fentontyp-Oxidantien (u.a. OH$^\bullet$-Radikale) und Peroxynitrit durch Reaktion mit verschiedenen Indikatormolekülen (KMB, ACC) zu unterscheiden. Zusätzlich wurde der Einfluß verschiedener Hemmstoffe auf die Reaktion mit KMB, für eine Unterscheidung der Oxidantien, herangezogen. Peroxynitrit wurde auf zwei verschiedene Arten hergestellt:

- durch den Zerfall von Sin1, wobei sukzessive $O_2^{\bullet-}$ und $NO^\bullet$ gebildet werden, die weiter zu Peroxynitrit reagieren;
- durch die Reaktion einer sauren Wasserstoffperoxidlösung mit Nitrit und anschließendem Abstoppen der Reaktion durch NaOH.

Peroxynitrit existiert unter physiologischen Bedingungen nur als Produkt einer Reaktion aus $O_2^{\bullet-}$ und $NO^\bullet$. Die Reaktion von Sin1 stellt die physiologische Situation daher besser nach als der Einsatz von synthetisch hergestelltem Peroxynitrit (ONOOH). Durch den Einsatz von synthetischem ONOOH ist jedoch genau das destruktive Potential beobachtbar, das Peroxynitrit direkt zugeschrieben werden kann. Durch die Reaktion von Wasserstoffperoxid mit Nitrit entsteht neben Peroxynitrit auch immer Nitrat, das bei der photometrischen Konzentrationsbestimmung miterfaßt wird, wodurch es zur Verfälschung der eingesetzten ONOOH-Konzentration kommen kann. Daher sind die mit ONOOH erhaltenen Ergebnisse vor allem qualitativ von Bedeutung.

Die Fentontyp-Oxidantien wurden in einer Eisen-katalysierten Reduktion von Wasserstoffperoxid generiert.

Wie VON KRUEDENER et al. (1995) beobachten konnten, reagiert ACC unter Freisetzung von Ethen nur mit HOCl und nicht mit OH-Radikaltyp-Oxidantien. Beide, ONOOH und

Sin1, reagieren, ähnlich wie Fentontyp-Oxidantien, wesentlich sensitiver mit dem Indikatormolekül KMB als mit ACC (Tab. 4, Seite 49).
In der Kinetik der KMB-Oxidation unterscheiden sie sich jedoch erheblich. Die ONOOH-induzierte Reaktion beschreibt eine Sättigungskurve, wie sie für Reaktionen 2. Ordnung, in der ein Partner im Überschuß vorliegt, typisch ist. Die KMB-Fragmentierung durch Sin1 zeigt einen sigmoidalen Verlauf, der auf kooperative Initiierungsprozesse schließen läßt. In den ersten 5 Minuten ist so gut wie keine Ethenfreisetzung aus KMB meßbar. Nach dieser lag-Phase beginnt ein linearer Anstieg der KMB-Fragmentierung der nach 30 Minuten in eine Sättigungskurve übergeht. Dieser Kurvenverlauf ist verständlich, betrachtet man die Tatsache, daß bei der Reaktion mit Sin1 ONOOH erst sukzessive aus der Reaktion von $O_2^{\cdot-}$ mit $NO^{\cdot}$ gebildet wird (Abb. 19, Seite 50).

Die KMB-Fragmentierung durch Fentontyp-Oxidantien wird, da Eisen-Katalyse an der Reaktion beteiligt ist, durch Desferal gehemmt und durch EDTA stark stimuliert. Die Beteiligung von Wasserstoffperoxid an der Reaktion erklärt die starke Hemmwirkung der Katalase. Mannit und Formiat sind typische OH-Radikalfänger, wodurch ihre Inhibierung der KMB-Spaltung durch das Hydroxylradikal erklärbar ist (Abb.20, Seite 51).
Da bei der Reaktion von Sin1 mit KMB $O_2^{\cdot-}$ und $NO^{\cdot}$ beteiligt sind, ist die starke Inhibierung der Fragmentierung durch SOD und Hämoglobin (als „Scavenger für $O_2^{\cdot-}$ bzw. $NO^{\cdot}$) erklärbar. EDTA und Katalase haben keinen hemmenden Einfluß, woraus man schließen kann, daß weder Wasserstoffperoxid noch Metallkatalyse an der Reaktion beteiligt sind. Die Hemmung der KMB-Fragmentierung durch Harnsäure, Mannit und Formiat zeigen ihre allgemeine Aktivität als Radikal-Scavenger. Die inhibierende Wirkung von Desferal läßt eine Eisenbeteiligung an der Reaktion vermuten (Abb. 20, Seite 51). Da jedoch EDTA keinen stimulierenden Einfluß hat kann man davon ausgehen, daß Desferal in der hier eingesetzten Konzentration (1 mM) als Antioxidans und nicht als Eisenchelator wirkt. Aus Nitroprussid-Natrium und S-Nitrosoglutathion (je 0,1 mM) generiertes $NO^{\cdot}$ kann die Ethenfreisetzung aus KMB nicht induzieren (mündliche Mitteilung Dr. S. Hippeli), weshalb man eine direkte Beteiligung von $NO^{\cdot}$ an der KMB-Fragmentierung durch Sin1 ausschließen kann.
Im kombinierten Sin1/Fentonsystem, erhält man ein Hemmuster ähnlich dem für Sin1 alleine, korrigiert durch das der Fentonreaktion. So wird die starke Hemmwirkung von Hämoglobin im Sin1-System zum Teil aufgehoben und die starke Stimulierung durch EDTA im Fenton-System abgeschwächt (Abb. 20, Seite 51).

Die KMB-Fragmentierung durch synthetisches ONOOH wird von den eingesetzten Hemmstoffen unterschiedlich stark gehemmt. Diese meist unvorhersehbare Hemmwirkung von verschiedenen Inhibitoren ist typisch für „random"-Reaktionen von Peroxynitrit mit allen Arten von Reaktionspartnern. Der Einfluß von EDTA und Desferal auf dieses System kann als unspezifisch angesehen werden. Der Hemmeffekt von RSA ist auf die reaktiven Sulfhydrylgruppen im Molekül zurückzuführen (Abb. 20, Seite 51).

Durch den Einsatz von verschiedenen Indikatormolekülen (KMB und ACC) kann zwischen HOCl auf der einen Seite und Peroxynitrit und Fentonsystem auf der anderen Seite unterschieden werden. Der starke Hemmeffekt durch EDTA sowie Desferal erlaubt eine Unterscheidung zwischen Sin1/ONOOH- und Fentonsystem, wo nur Desferal einen hemmenden Effekt ausübt und EDTA zu einer Stimulierung der Reaktion führt. Eine Beteiligung von OH$^{\bullet}$-Radikalen an der Sin1- und ONOOH-induzierten Reaktion kann jedoch weder eindeutig bewiesen noch ausgeschlossen werden.

Da Sin1 die physiologische Situation wesentlich besser nachstellt als der Einsatz von synthetisch hergestelltem Peroxynitrit, sind die unterschiedlichen Hemmuster von Fentontyp-Oxidantien- und Sin1-induzierter KMB-Oxidation von größerem Interesse.

Der Einfluß von Cu(II) auf die KMB-Fragmentierung durch ONOOH und Sin1 wird in Kapitel 4.3 diskutiert.

4.2 Peroxynitrit induzierte LDL-Oxidation: Einfluß von OH-Radikal-Scavenger

Peroxynitrit ist in der Lage LDL zu oxidieren. DARLEY-USMAR et al. (1992) konnten feststellen, daß Peroxynitrit, welches beim Zerfall von Sin1 entsteht, die Lipidperoxidation im LDL induziert und das Ladungsmuster des Proteinanteils ändert. Die Fähigkeit von Peroxynitrit die LDL-Oxidation zu initiieren, läßt vermuten, daß Peroxynitrit am Entstehungsprozeß von Atherosklerose beteiligt ist.
In diesem Zusammenhang ist es von Interesse die Peroxynitrit-induzierte LDL-Oxidation, sowie mögliche Interaktionen von Peroxynitrit mit OH-Radikal-Scavengern wie Mannit, Formiat und Glucose während der LDL-Oxidation näher zu untersuchen, da die Beteiligung

4 Diskussion

von OH-Radikalen an Oxidationsreaktionen von Peroxynitrit nicht ausgeschlossen werden kann.
Es ist bekannt, daß die Oxidation von LDL durch verschiedene Zelltypen und Enzymsysteme LDL-Partikel erzeugt, deren modifizierte Eigenschaften sich gleichen. LDL-Partikel mit eben diesen Eigenschaften können auch durch die *in vitro* Inkubation von LDL mit Cu(II) gebildet werden (PARTHASARATHY und RANKIN, 1992). Diese Reaktion wird daher als Modellreaktion zur Untersuchung von Oxidationseigenschaften des LDL herangezogen. Deshalb ist es sinnvoll die Oxidation von LDL durch Sin1 und ONOOH mit der durch Cu(II) zu vergleichen.
Zum Vergleich der LDL-Oxidation durch synthetisches und über Sin1 gebildetes Peroxynitrit mit Cu(II) wurden die Bildung konjugierter Diene sowie die Änderung der elektrophoretischen Mobilität von LDL untersucht.

Bildung konjugierter Diene
Die Bildung konjugierter Diene wird durch synthetisches ONOOH ähnlich wie durch Cu(II) initiiert, jedoch läßt der Kurvenverlauf auf eine andere Kinetik schließen. Die Unterscheidung zwischen Lag-, Propagations- und Dekompositionsphase ist nicht mehr so ausgeprägt wie bei der Cu(II)-initiierten LDL-Oxidation. Die Kurve hat eher die Form einer Sättigungskurve (Abb. 22A, Seite 55).
Die Sin1-induzierte LDL-Oxidation ist wesentlich weniger ausgeprägt, sie setzt erst später ein und zeigt einen viel flacheren Anstieg als die ONOOH-induzierte Oxidation. Der Einfluß des kombinierten Cu(II)/Sin1 und Cu(II)/ONOOH-Systems auf die Dienkonjugation wird in Kapitel 4.3 diskutiert.
OH-Radikalfänger wie Mannit oder Formiat führen zu einer erheblichen Stimulation die Sin1- und ONOOH-initiierte Bildung konjugierter Diene im LDL (Abb. 22B, Seite 55). Auch Glucose bewirkt eine ähnlich starke Stimulierung der Dienbildung (Abb. 23A+B, Seite 56). Dieser stimulierende Effekt ist, wenn man davon ausgeht, daß OH-Radikale an der Peroxynitrit-induzierten Oxidation von LDL beteiligt sind, nicht verständlich. In einem solchen Fall sollten OH-Radikalscavenger wie Mannit, Formiat und Glucose einen hemmenden Effekt ausüben. Der beobachtete stimulierende Effekt von Glucose auf die LDL-Oxidation kann auf der Basis einiger Veröffentlichungen wie folgt erklärt werden:
Es ist bekannt, daß Glucose-Konzentrationen, wie sie bei Diabetes mellitus Patienten gemessen wurden (8-20 mM), die LDL-Oxidation durch isolierte Makrophagen und aktivierte

Neutrophile in einer SOD-hemmbaren Reaktion verstärken können (KAWAMURA et al., 1994 und RIFICI et al., 1994). Diese Ergebnisse sprechen für einen, die LDL-Oxidation initiierenden Prozeß, bei dem Superoxidradikalanionen beteiligt sind, der jedoch nicht über Fenton-Chemie erklärbar ist, da dort Polyalkohole wie Glucose Inhibitoreigenschaften haben. SAKUMA et al. (1997) konnten feststellen, daß Peroxynitrit die Konversion der Xanthin-Dehydrogenase zur Oxidase induzieren kann, ein Prozeß, der ebenfalls durch OH$^{•}$-Radikalfänger nicht gehemmt wird.

Da Glucose die Peroxynitrit-abhängige Hemmung der Respiration von Hirnmitochondrien (IC_{50} = 8 mM) verhindert, aber keinen Einfluß auf die NO$^{•}$-abhängige Hemmung der Respiration hat (BOLANOS et al., 1995 und LIZASOAIN et al., 1996), kann man davon ausgehen, daß Glucose mit ONOOH und nicht mit NO$^{•}$ reagiert. Die Reaktion des Superoxidradikalanions mit dem NO$^{•}$-Radikal läuft wesentlich schneller ab als mit Glucose (ASMUS und NIGAM, 1978), weshalb eine Reaktion von $O_2^{•-}$ mit Glucose ebenfalls verworfen werden kann. Auf der Basis der von PRYOR und SQUADRITO (1995) aufgestellten „Cage"-Hypothese, nach der Peroxynitrit in einem sogenannten Lösungsmittelkäfig vorliegt und heterolytisch in OH$^-$ und NO_2^+ oder homolytisch in NO$_2^{•}$ und OH$^{•}$ gespalten werden kann, sind die folgenden Reaktionen wahrscheinlich:

- Die homolytische Spaltung von Peroxynitrit

$$\{ONO^{••}OH\} \Rightarrow NO_2^{•} + OH^{•}$$

ist sehr langsam, der Anteil an freiem Hydroxylradikal beträgt nur 1-4% des gesamten Peroxynitrits (POU et al., 1995).

- Glucose (glu-OH) reagiert als Elektronendonator für das „Cage"-OH$^{•}$, wodurch NO$_2^{•}$, ein Glucoseradikal und Wasser entstehen.

$$\{ONO^{••}OH\} + glu{-}OH \Rightarrow HOH + glu{-}O^{•} + ONO^{•}$$

Lipidperoxidation

Man kann also davon ausgehen, daß durch die Reaktion mit Glucose die homolytische Spaltung von Peroxynitrit gegenüber der heterolytischen Spaltung begünstigt wird. Mit anderen Worten: Glucose „befreit NO$_2^{•}$ aus dem Käfig".

Somit wäre NO$_2$˙ die reaktive Spezies die hauptsächlich die Lipidperoxidation bei Zugabe von Glucose initiiert. Diese Hypothese wird durch folgende Ergebnisse anderer Arbeitsgruppen noch untermauert: NO$_2$˙ reagiert mit Linolsäure mit einer Geschwindigkeit von $2 \cdot 10^9 M^{-1} s^{-1}$ (PRUTZ et al., 1985) und die Inhalation von NO$_2$˙ kann Lipidperoxidation initiieren, was als Ethan-Exhalation meßbar ist (SAGAI et al., 1982). NO$_2$˙ initiiert auch die Lipidperoxidation von Lipiden der roten Blutkörperchen (POSIN et al., 1978). KIKUGAWA et al. (1995) setzten eine LDL-Lösung für einige Stunden einer NO$_2$˙-Atmosphäre aus und konnten anschließend Lipid- und Tryptophan-Oxidation nachweisen. Weiterhin konnten sie feststellen, daß durch NO$_2$˙ oxidiertes LDL vermehrt durch Makrophagen über den Scavenger-Rezeptor aufgenommen wird. Die Autoren diskutieren die Möglichkeit einer NO$_2$˙-Beteiligung an der Bildung von Artherosklerose. MÜLLER et al. (1997) konnten feststellen, daß Peroxynitrit auch als eine den oxidativen Stress-induzierende Komponente im Zigarettenrauch wirkt. Durch die Reaktion des Superoxidradikalanions mit Stickstoffmonoxid und Glucose entsteht ein Oxidationsmittel, welches die Oxidation von LDL initiieren kann und somit das erhöhte Risiko von Diabetikern und Rauchern für Gefäßkrankheiten erklärt.

Auch die Cu(II)-induzierte LDL-Oxidation wird durch Glucose stimuliert, dieser Effekt ist jedoch nicht so ausgeprägt wie bei der Peroxynitrit-induzierten Bildung konjugierter Diene (Abb. 24A, B und C, Seite 57). Diese Stimulierung der Cu(II)-initiierten LDL-Oxidation durch Glucose kann man im Einklang mit der oben erläuterten Hypothese erklären, wenn man davon ausgeht, daß zusätzlich zum NO$_2$˙ auch das entstehende Glucoseradikal Lipidperoxidation initiieren kann. Die Stimulierung der Cu(II)-Oxidation wäre dann wesentlich geringer, da sie nur auf der Entstehung des Glucoseradikals beruht und bei der Peroxynitrit-induzierten Reaktion zusätzlich noch das wesentlich reaktivere NO$_2$˙ entsteht.

Elektrophoretische Mobilität

Die Sin1- und ONOOH-induzierte Oxidation des Proteinanteils ist wesentlich weniger ausgeprägt als die Oxidation durch Cu(II). Erst sehr hohe und daher unphysiologische Konzentrationen an Sin1 (750 µM) und ONOOH (100 µM) erhöhen die elektrophoretische Mobilität von LDL im Agarosegel signifikant. Der stimulierende Effekt von Glucose auf die ONOOH-induzierte Oxidation des Proteinanteils ist wesentlich geringer als auf die Bildung konjugierter Diene im LDL. Bei der Sin1-induzierten Erhöhung der elektrophoretischen Mobilität ist ein stimulierender Effekt von Glucose nicht vorhanden (Abb. 25 & 26, Seite 58). MOORE et al. (1995) konnten schon beobachten, daß durch Peroxynitrit modifiziertes LDL eine erhöhte elektrophoretische Mobilität hat. Das so modifizierte LDL wird vom Scavenger-Rezeptor der Makrophagen erkannt (GRAHAM et al., 1993; HOGG et al., 1993). Peroxynitrit kann Tyrosinreste des Apo B-100-Anteils von LDL nitrieren, wobei 3-Nitrotyrosin entsteht. Im Vergleich zum LDL von gesunden Probanden hat das LDL aus atherosklerotischer Intima 90-fach höhere 3-Nitrotyrosinwerte (LEEUWENBURGH et al., 1997). Die Erhöhung der elektrophoretischen Mobilität kann somit vorwiegend durch eine Nitrierung des Proteinanteils erklärbar sein und nicht durch oxidative Prozesse, wie sie bei der Cu(II)-initiierten LDL-Oxidation am Proteinanteil beobachtbar sind. Da das bei der heterolytischen Spaltung von ONOOH entstehende NO_2^+ verantwortlich ist für die Nitrierungsreaktionen durch Peroxynitrit, ist nach der hier aufgestellten Theorie verständlich, daß Glucose die Erhöhung der elektrophoretischen Mobilität nicht stimuliert.

4.3 Reaktivität des kombinierten Peroxynitrit/Cu(II)-Systems

Die Kombination von Cu(II), mit Sin1 oder ONOOH hat unterschiedliche Wirkung auf die LDL-Oxidation. Während die Cu(II)-induzierte Dienbildung durch Sin1 vollständig gehemmt wird, wird sie durch ONOOH im Reaktionsansatz verstärkt (Abb. 22, Seite 55). Einen ähnlichen Effekt erhält man auch bei der KMB-Fragmentierung durch Peroxynitrit. Die Sin1-induzierte Oxidation wird durch Cu(II) gehemmt, während die ONOOH-induzierte Ethenfreisetzung aus KMB stimuliert wird (Abb. 21, Seite 52). Die Hemmung der KMB sowie LDL-Oxidation durch die Kombination der beiden Oxidantien Sin1 und Cu(II) kann darin begründet sein, daß Cu(II) durch Sin1 komplexiert wird und dadurch ähnlich wie im EDTA-Komplex nicht mehr für ein Redoxcycling zur Verfügung steht und andererseits Sin1 durch den Komplex stabilisiert wird und daher nicht mehr unter Freisetzung von $NO^•$ und $O_2^{•-}$ zerfällt. Andererseits kann man sich auch vorstellen, daß Cu(II) mit dem entstehenden Superoxidradikalanion in einer SOD-ähnlichen Reaktion interagiert, wodurch die Bildung von Peroxynitrit verhindert wird. Das $NO^•$ welches in so einem Fall nicht mehr mit $O_2^{•-}$ zum Peroxynitrit reagieren kann hat wie HOGG et al. (1995) schon beobachten konnten einen

4 Diskussion

hemmenden Einfluß auf die LDL-Oxidation durch Makrophagen und kann die LDL-Oxidation nicht initiieren.

4.4 Coenzym Q_{10}- und α-Tocopherol-Anreicherung im LDL

In vitro konnte durch Inkubation von Blutserum mit wäßrig gelöstem Ubichinol, Ubichinon und α-Tocopherol die Konzentration dieser fettlöslichen Antioxidantien im LDL stark erhöht werden (Tab. 6, Seite 59). Bei gleicher Konzentration im Inkubationsansatz (1 mM) ließ sich α-Tocopherol am einfachsten im LDL anreichern (44,8 Mol/Mol LDL), gefolgt von Ubichinon (21,4 Mol/Mol LDL). Ubichinol (5,1 Mol/Mol LDL) ließ sich nur auf ein Viertel des erreichten Ubichinongehalts anreichern. Dies liegt am wesentlich hydrophileren Charakter von Ubichinol im Vergleich zu seiner oxidierten Form (KAGAN et al., 1996). Insgesamt liegen die *in vitro* erreichten Werte über den physiologischen, nach oraler Gabe der Antioxidantien, gemessenen Werten. So konnten MOHR et al. (1992) durch Coenzym-Q_{10}-Gaben an Probanden die Konzentration Coenzym Q_{10} im Plasma und in allen Lipoproteinen erhöhen. Nach 11 Tagen der Einnahme von dreimal 100 mg Coenzym Q_{10} pro Tag erzielte er eine vierfach erhöhte Konzentration von Coenzym Q_{10} im LDL (auf 2,8 Mol/Mol LDL). Die physiologische Konzentration beträgt 0,5-0,8 Mol/Mol LDL (THOMAS et al., 1996). ZHANG et al. (1996) konnten feststellen, daß die α-Tocopherol-Aufnahme aus der Nahrung zu einer schnellen Zunahme der α-Tocopherolgehalte in allen Organen führt, während die Coenzym-Q_{10}-Gehalte durch orale Gaben fast ausschließlich in der Leber und im Plasma anstiegen. Die α-Tocopherol-Gehalte der einzelnen Organe nahmen nach Beendigung der Antioxidantien-angereicherten Diät im Vergleich zu den Coenzym Q_{10}-Gehalten nur langsam ab.

Die Rolle von Coenzym Q_{10} bei der oxidativen Phosphorylierung und seine membranstabilisierende Wirkung begründen die orale Anwendung bei cardiovaskulären Krankheiten (GREENBERG und FRISHMAN, 1990). Aufgrund der Tatsache, daß das Coenzym Q_{10}/LDL-Verhältnis von Coronar-Patienten wesentlich niedriger ist als das der Kontrollgruppe geht man davon aus, daß dieses niedrige Coenzym Q_{10}/LDL-Verhältnis ein Risikofaktor für Arteriosklerose ist und eine Gabe von Ubichinon an Patienten notwendig macht

(HANAKI et al., 1993). Der Redox-Status von Coenzym Q_{10} im LDL gibt Auskunft über die oxidative Modifikation von LDL *in vivo* (De RIJKE et al., 1997).

4.5 Einfluß von Coenzym Q_{10} auf die Cu(II)- und Peroxynitrit-induzierte Oxidation von LDL

Bildung konjugierter Diene

Ubichinon bewirkt eine konzentrationsabhängige Hemmung der Cu(II)-induzierten Bildung von konjugierten Dienen im LDL. Die Hemmung ist jedoch erst bei sehr hohen, physiologisch unrelevanten Konzentrationen an Ubichinon im LDL deutlich messbar (Abb. 27, Seite 61). Dieser leicht antioxidative Effekt von Ubichinon bei der Lipidperoxidation konnte auch von LANDI et al. (1985 und 1990) beobachtet werden. Sie konnten zeigen, daß sehr hohe Konzentrationen an oxidiertem Coenzym Q_{10} signifikante antioxidative Wirkung bei der Oxidation von Eigelb-Phosphatidylcholin in Lösung und in Liposomen haben. Dieser antioxidative Effekt in Lipiden ist wahrscheinlich auf die lange Isoprenseitenkette des Coenzym Q_{10} zurückzuführen. So ist die oxidative Resistenz von LDL-Partikeln auch von ihrer Fettsäurezusammensetzung abhängig: Obwohl die Wasserstoffabstraktion von ungesättigten Fettsäureseitenketten gegenüber gesättigten Fettsäureseitenketten stark begünstigt ist, sollen gesättigte Fettsäuren die Oxidierbarkeit von LDL erhöhen, während eine ölsäurereiche Diät die Oxidierbarkeit senkt (HOLVOET und COLLEN, 1994).

Auch die Sin1-induzierte und Glucose-verstärkte Bildung konjugierter Diene im LDL wird durch Ubichinon konzentrationsabhängig gehemmt. Die Hemmwirkung des Ubichinons ist jedoch geringer als bei der Cu(II)-induzierten Oxidation, eine Konzentration von 21,39 Mol/Mol LDL bewirkt bei der Sin1-induzierten und Glucose-überstimulierten Oxidation eine Lagphasenverlängerung von ungefähr 30 Minuten, während die Cu(II)-induzierte Dienbildung um fast 100 Minuten verzögert wird (Abb. 29, Seite 63).

Ubichinol hat eine wesentlich stärkere antioxidative Wirkung bei der LDL-Oxidation durch Cu(II) als seine oxidierte Form. Für die gleiche Verzögerung der Dienbildung benötigt man eine fast fünffach höhere Konzentration an Ubichinon im Vergleich zum Ubichinol (Abb. 28,

Seite 62). KONTUSH et al. (1994) fanden, daß im frühen Status der Oxidation durch Cu(II) die Rate der oxidativen Modifizierung von LDL abhängig ist vom Ubichinolgehalt. Die antioxidative Wirkung von Ubichinol auf die Sin1-induzierte und Glucose-verstärkte Dienbildung ist größer als auf die Cu(II)-induzierte Oxidation. Bei gleicher Konzentration im LDL ist die Lagphase bei der Sin1-induzierten Oxidation 150 Minuten verlängert, während die Cu(II)-induzierte Oxidation nur um 100 Minuten verzögert ist (Abb. 30, Seite 63). Dies kann daran liegen, daß Ubichinol hier nicht nur mit Phenoxylradikalen reagiert, sondern mit den primären oxidativen Spezies, $NO_2^{\bullet}$ und $OH^{\bullet}$ und ihrem Reaktionsprodukt Peroxynitrit, reagieren kann, da diese lipidlöslich sind und somit in die Lipidphase eindringen und nicht, wie Cu(II) nur an der Grenzschicht zwischen wässeriger und Lipidphase agieren. BOLANOS et al. (1995) haben schon die Rolle von Ubichinol beim Schutz von membranständigen Enzymen vor Oxidantien wie Peroxynitrit in der Lipidphase von submitochondrialen Partikeln beschrieben. Weiterhin ist bekannt, daß Ubichinol die Oxidation von LDL durch aktivierte Leukozyten, die $O_2^{\bullet-}$ und $NO^{\bullet}$ abgeben welche weiter zu Peroxynitrit reagieren, hemmt (STOCKER et al., 1991).

Neben den antioxidativen Effekten von Ubichinol ist auch eine prooxidative Wirkung denkbar, da Ubisemichinon ($SQ^{\bullet-}$), ein Intermediat des Ubichinon-Redox-Zykluses unter Superoxidradikalanionbildung ($O_2^{\bullet-}$) autoxidieren kann.

$$SQ^{\bullet-} + O_2 + H^+ \Leftrightarrow Q + HO_2^{\bullet}$$

Diese Autoxidation des Semichinon-Radikals benötigt Protonen. Das Coenzym-Q_{10} ist wegen seiner langen Polyisopren-Seitenkette (10 Isopreneinheiten) in der apolaren Region biologischer Membranen lokalisiert, wodurch diese Autoxidation unter physiologischen Bedingungen nicht wahrscheinlich ist. KAGAN et al. (1996) konnten zeigen, daß Semiubichinonradikale in wasserfreiem, aprotischen Lösungsmittel, welches sauerstoffgesättigt ist, erst bei Zugabe von Wasser unter $O_2^{\bullet-}$-Bildung autoxidieren können. Unter unseren Versuchsbedingungen konnte ein prooxidativer Effekt von Ubichinol nicht beobachtet werden.

Elektrophoretische Mobilität

Durch die Oxidation des LDL, verändert sich das Ladungsmuster des Proteinanteils, wodurch die elektrophoretische Mobilität des LDL auf Agarosegel erhöht wird. Auf diese Cu(II)- oder durch synthetisches Peroxynitrit-induzierte Oxidation des Apo B-100 Teils des LDL hat weder Ubichinon noch Ubichinol einen Einfluß. Um Coenzym-Q_{10} wäßrig lösen zu können benötigt man einen Emulgator. Die Zugabe dieses Emulgators zum Reaktionsansatz bewirkt eine vollständige Hemmung der Erhöhung der elektrophoretischen Mobilität. Die Tatsache, daß sogar die elektrophoretische Mobilität des Kontroll-LDL (Probe ohne Cu(II)) höher ist als die der mit Emulgator versehenen Probe läßt darauf schließen, daß der Emulgator direkt mit dem LDL-Partikel interagiert (Abb. 31, Seite 64). Vorstellbar wäre, daß sich durch eine Anheftung des Emulgators an das LDL-Partikel das Ladungsmuster des Proteinanteils ändert, wodurch die Wanderungsgeschwindigkeit im Agarosegel verlangsamt wird. Da selbst nach der Isolierung des LDL aus dem Plasma, welches mit dem Emulgator inkubiert wurde, durch Ultrazentrifugation und anschließender Gelfiltration dieser Effekt beobachtet werden konnte, ist davon auszugehen, daß der Emulgator tatsächlich mit dem Proteinanteil des LDL reagiert (Abb. 32, Seite 65).

Eine Anreicherung mit Ubichinol oder Ubichinon hat auf die Oxidation des Proteinanteils keine Wirkung (Abb. 32, Seite 65; Abb. 33, Seite 66; Abb. 34 & 35, Seite 67). Coenzym-Q_{10} ist aufgrund seines stark hydrophoben Charakters im Zentrum des Lipidteiles lokalisiert (KATSIKAS und QUINN, 1982 und 1981). Daher sind Wechselwirkungen mit der wässrigen Phase nicht sehr ausgeprägt, weshalb Coenzym Q_{10} auf die Oxidation des hydrophilen Proteinanteils keinen Einfluß hat. So ist Coenzym Q_{10} in der Lage Erythrocyten vor Hämolyse zu schützen, die durch freie Radikale induziert wird, ist jedoch nicht in der Lage Erythrozyten-Membran-Enzyme vor metall-katalysierter Oxidation zu schützen (LITTARRU et al., 1994). Das Coenzym Q_{10}-Homologe Ubichinol-3, welches durch seine wesentlich kürzere Polyisoprenseitenkette (drei Isopreneinheiten) wesentlich hydrophiler ist, schützt das LDL nicht nur vor Lipidperoxidation, sondern verhindert auch die Cu(II)-induzierte Fragmentierung des Apo B-100 (MERATI et al., 1992). Dies liegt wahrscheinlich daran, daß das Ubichinol-3 durch seinen weniger hydrophoben Charakter mit dem Proteinanteil leichter wechselwirken kann.

4.6 Kooperativität von α-Tocopherol und Coenzym Q_{10}

Bildung konjugierter Diene

Eine 3-fache Anreicherung (9,9 Mol/Mol LDL) an α-Tocopherol führt zu einer Verlängerung der Anlaufphase der Cu(II)-abhängigen Dienbildung um 150 Minuten. Ubichinol bewirkt ungefähr die gleiche Verlängerung der Lag-Phase wie α-Tocopherol, wobei ein direkter Vergleich kaum möglich ist, da die natürlich vorhandene Konzentration des jeweils anderen Antioxidans schwankt (Abb. 37, Seite 70). Die Verzögerung der Sin1-induzierten und Glucose-überstimulierten Bildung konjugierter Diene durch Ubichinol ist im Vergleich zur Cu(II)-induzierten Oxidation stärker ausgeprägt. α-Tocopherol hat hier eine geringere antioxidative Kapazität als Ubichinol (Abb. 39, Seite 72). Auch STOCKER et al. (1991) konnten feststellen, daß Ubichinol das LDL effizienter gegen Lipidperoxidation schützt als α-Tocopherol.

Die gleichzeitige Anreicherung von α-Tocopherol und Ubichinol im LDL bewirkt einen überadditiven Hemmeffekt auf die Cu(II)- und Sin1- induzierte sowie Glucose-stimulierte Dienbildung (Abb. 37, Seite 70; Abb. 39, Seite 72). Dies läßt darauf schließen, daß die beiden Antioxidantien kooperativ arbeiten.

Antioxidantiengehalt im LDL während der Oxidation

Betrachtet man die Antioxidantiengehalte während der Cu(II)-induzierten Bildung konjugierter Diene, fällt auf, daß Coenzym Q_{10} vor α-Tocopherol oxidiert wird und dabei vollständig in seine oxidierte Form, das Ubichinon, konvertiert. Erst wenn das Ubichinol vollständig oxidiert ist, setzt die α-Tocopheroloxidation ein. Die Bildung von konjugierten Dienen setzt ein, sobald der α-Tocopherolgehalt erschöpft ist (Abb. 40, Seite 73). Während der Sin1-induzierten Oxidation werden die endogenen Antioxidantien in der gleichen Reihenfolge wie bei der Cu(II)-Oxidation des LDL oxidiert. Der Zusatz von Glucose zum Reaktionsansatz bewirkt eine Beschleunigung der Oxidationsreaktionen (Abb. 41, Seite 74; Abb. 42, Seite 75).

In diesem Zusammenhang konnten KAGAN et al. (1994) zeigen, daß durch die Inkubation von Liposomen, die entweder mit α-Tocopherol oder mit Ubichinol angereichert waren, mit dem Azo-Initiator 2,2-Azobis-(2-Amidinopropan)-dihydrochlorid eine lineare Oxidation der beiden Antioxidantien stattfand, deren Geschwindigkeit von der AAPH-Konzentration abhing. Ubichinol und α-Tocopherol wurden mit der selben Geschwindigkeit oxidiert. Bei gleichzeitiger Anwesenheit von α-Tocopherol und Ubichinol in den Liposomen, wurde Ubichinol mit der gleichen Geschwindigkeit wie in Abwesenheit von α-Tocopherol oxidiert. Die Oxidation von α-Tocopherol begann allerdings nicht eher als bis das Ubichinol komplett oxidiert war. Nach dieser Lagzeit findet die Oxidation von α-Tocopherol mit der gleichen Geschwindigkeit statt wie in Abwesenheit von Ubichinol (MUKAI et al., 1990; KONTUSH et al., 1995).

Diese Beobachtung, daß α-Tocopherol bei Anwesenheit von Ubichinol erst oxidiert wird, wenn Ubichinol vollständig zum Ubichinon konvertiert ist, kann wie folgt erklärt werden:

Das Einelektronen-Redoxpotential von Ubichinol $E_{7,0}(QH/Q^{\cdot})$ = 0,24 V (RICH und BENDALL, 1980) ist negativer als das von α-Tocopherol $E_{7,0}(T\text{-}OH/T\text{-}O^{\cdot})$ = 0,48 V (NETA und STEENKEN, 1982), wodurch Ubichinol in der Lage ist, das Vitamin E-Phenoxy-Radikal zu reduzieren. In organischer Lösung (25°C in Benzol) ist die Reaktionskonstante für die Reaktion von Ubichinol mit dem Tocopheryl-Radikal (> $3,74 \times 10^5$ $M^{-1}s^{-1}$) höher als für die Reaktion mit Peroxyl-Radikalen (MUKAI et al., 1990 und 1993). Dies zeigt, daß Ubichinol eher Tocopheryl-Radikale reduziert als Peroxylradikale. Durch die Reduktion der Vitamin E-Phenoxy-Radikale verhindert es partiell oder komplett die α-Tocopherol-Oxidation. Ubichinol bewirkt also eine Verzögerung der α-Tocopherol-Oxidation, d.h. ähnlich wie bei der LDL-Oxidation kann man eine Lag-Phase beobachten, deren Länge von der Ubichinol-Konzentration abhängt.

Folgender, von KAGAN et al. (1996) durchgeführter Versuch bestätigt diese Annahme: UV-induziert gibt α-Tocopherol, inkorporiert in Liposomen, ein charakteristisches ESR-Signal seines Phenoxyl-Radikals, welches nach Zugabe von Ubichinol verschwindet. Das UV-induzierte ESR-Signal des Vitamin E-Phenoxy-Radikals wird nicht durch Ubichinon gequencht.

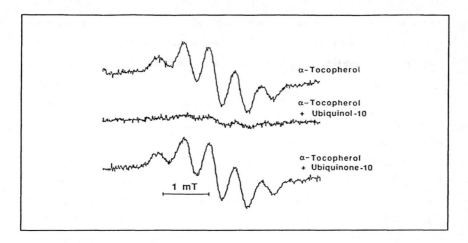

Abb. 65: Effekt von Ubichinol auf das UV-induzierte ESR-Signal des Phenoxyl-Radikals aus α-Tocopherol, inkorporiert in Liposomen. Liposomen (20 mg/ml) in 0,1 M Phosphatpuffer (pH 7,4 bei 25°C), α-Tocopherol (4 mM). Ubichinol (2 mM) wird durch ultraschall in die Liposomen integriert. (KAGAN et al., 1996)

Direkte ESR-Messungen von Ubichinol-α-Tocopherol-Phenoxy-Radikalwechselwirkungen in Liposomen und Membranen unterstützen diese Aussage (KAGAN und PACKER, 1993). Die Tatsache, daß α-Tocopherol und Coenzym Q_{10} kooperativ bei der Hemmung der Lipidperoxidation arbeiten, erklärt den überadditiven Effekt bei der Dienkonjugation. Insgesamt zeigen Sin1/Glucose das gleiche Verhalten während der LDL-Oxidation wie Cu(II): Die Lipidperoxidation wird stärker durch Ubichinol und α-Tocopherol verzögert, da die Oxidation unter den hier verwendeten Versuchsbedingungen eher im Lipidteil stattfindet.

BOWRY und STOCKER (1993) konnten zeigen, daß α-Tocopherol auch ein starkes Prooxidans im LDL sein kann, da die Vitamin E-Phenoxyl-Radikale mit mehrfachungesättigten Fettsäuren des Lipidmoleküls reagieren können, wodurch die Radikalkettenreaktion weitergeführt wird. So wird α-Tocopherol, in einer Detergenzien-Suspension durch Cu(II) oxidiert. Sind Phospholipide und Spuren ihrer Hydroperoxide in dieser Suspension, initiiert Cu(II) die Lipidperoxidation, die durch α-Tocopherol noch stark stimuliert wird (MAIORINO et al., 1993). YOSHIDA et al. (1994) konnten diesen Effekt mit α-Tocopherol-angereicherten Liposomen beobachten. In beiden Fällen konnte die Bildung von α-Tocopheryl-Radikalen sowie eine Cu(II)-Reduktion zu Cu(I)-Ionen beobachtet werden.

Dieser prooxidative Effekt von α-Tocopherol bei der Cu(II)-induzierten Bildung von konjugierten Dienen konnte hier nicht beobachtet werden, α-Tocopherol hatte unter unseren Versuchsbedingungen (1,67 µM Cu(II), 10 µM Sin1/20 mM Glucose) stets antioxidative Eigenschaften.

In diesem Zusammenhang konnten KONTUSH et al. (1996) zeigen, daß α-Tocopherol unter stark oxidativen Bedingungen (hohe Cu(II)-Konzentration, ähnlich den hier verwendeten) LDL vor der Oxidation schützt, während es bei milden, physiologisch wahrscheinlicheren oxidativen Bedingungen (geringe Cu(II)-Konzentration) eine prooxidative Wirkung hat. Weiterhin haben sie festgestellt, daß Vitamin C diesen prooxidativen Effekt aufheben kann. Auf die antioxidative Wirkung unter stark oxidierenden Bedingungen hat es jedoch keinen Einfluß. THOMAS et al. (1996 und 1995) konnten zeigen, daß auch eine Ko-Anreicherung von α-Tocopherol und Ubichinol den prooxidativen Effekt von α-Tocopherol verhindert und die Resistenz von LDL gegenüber metall-abhängiger Oxidation erhöht. In diesem Zusammenhang hat das im LDL enthaltenen Ubichinol die Funktion die prooxidative Wirkung des Vitamin E zu verhindern, in dem es die Tocopheryl-Radikale ($T-O^\bullet$) eliminiert und den Radikalcharakter in das wäßrige Medium exportiert (INGOLD et al., 1993).

$$QH + T-O^\bullet \Rightarrow Q^\bullet + T-OH$$

Gleichzeitig reduziert es auch Peroxyl ($ROO^\bullet$) und Alkloxylradikale:

$$QH + ROO^\bullet \Rightarrow Q^\bullet + ROOH$$

Da das intermediär gebildete Ubisemichinon im Gegensatz zum Vitamin E-Radikal weiter zum Ubichinon reagieren kann und dabei seinen Radikalcharakter verliert, ist Ubichinol besser in der Lage LDL gegen Lipidperoxidation zu schützen als α-Tocopherol, dessen gebildetes Radikal die Kettenreaktion weiterführt.

Auch andere antioxidativ wirkende Substanzen sind in der Lage die α-Tocopherol-verstärkte Lipidperoxidation zu verhindern. BOWRY et al. (1995) konnten zeigen, daß Chinone, Catechole, Aminophenole, 6-Palmitylascorbat und Bilirubin effektive Co-Antioxidantien sind, während andere phenolische Antioxidantien, kurzkettige α-Tocopherol-Homologe inbegriffen, weniger effektiv wirken. Reduziertes Glutathion, Harnsäure und Probucol können dagegen den prooxidativen Effekt von α-Tocopherol nicht verhindern.

4.7 Reduktion von Ubichinon im LDL

Ubichinon ist das einzige bekannte lipidlösliche Antioxidans, daß *de novo* in tierischen Zellen synthetisiert werden kann und für dessen Regeneration ein enzymatischer Mechanismus (mitochondrialer und mikrosomaler Elektronentransport) existiert.
GOLDMAN et al. (1993) haben festgestellt, daß das ESR-Signal von endogenem Vitamin E-Phenoxyl-Radikal in α-Tocopherol-angereicherten Rattenlebermikrosomen partiell durch den NADPH-abhängigen Elektronentransport gequencht wird. Die Zugabe von exogenem Ubichinon-1 (Ubichinon mit verkürzter Polyisoprenseitenkette) bewirkt ein Verschwinden des ESR-Signals, woraus man schließen kann, daß die Menge oder die Verfügbarkeit von endogenem Ubichinon der limitierende Faktor für die Reduktion des Vitamin E-Phenoxyl-Radikals durch den NADPH-abhängigen Elektronentransport ist.
In Mitochondriensuspensionen wird die NADH- und Succinat-abhängige Reduktion von Vitamin E-Phenoxyl-Radikalen und seinen Homologen mit kürzeren Seitenketten durch die Zugabe von exogenen Ubichinonen verstärkt (KAGAN et al., 1990). Die Succinat-Ubichinon Reduktase kann die α-Tocopherol-Phenoxyl-Radikale nicht direkt reduzieren. Nur bei gleichzeitiger Anwesenheit von Ubichinon (1 oder 10) findet die Succinat-abhängige Reduktion statt. Dies spricht für eine Regenerierung von Vitamin E durch Ubichinol.
TAKAHASHI et al. (1995) haben neben der Reduktion von Ubichinon durch den Elektronentransport noch einen anderen membranunabhängigen Weg für die Regenerierung von Ubichinol beschrieben. Sie konnten eine Ubichinon-Reduktase-Aktivität in der cytosolischen Fraktion von Rattenleberhomogenaten nachweisen, die NADPH-abhängig und durch Antimycin A und Rotenon nicht hemmmbar war.

Unbekannt ist bisher, ob auch im LDL gelöstes Ubichinon durch andere Antioxidantien oder Enzymreaktionen regeneriert werden kann. STOCKER und SUARNA (1993) konnten feststellen, daß Ubichinon-1 durch Hepatoma Hep G2 Zellen (als Modell für Leberzellen) und rote Blutzellen relativ schnell reduziert werden kann, während die Reduktion von Ubichinon-10 im LDL nur sehr langsam abläuft. Daher gehen sie davon aus, daß das natürlich vorkommende Ubichinon im LDL kein effizientes Substrat für diese Aktivität ist. Die Möglichkeit einer Reduktion von Ubichinon in wäßriger Lösung und im LDL durch Vitamin C und Dihydroliponsäure wurde in dieser Arbeit untersucht.

Reduktion durch Vitamin C

Vitamin C ist in der Lage LDL in wäßriger Lösung sowie im LDL gelöst Ubichinon zum Ubichinol zu reduzieren (Abb. 43, Seite 78; Abb. 44, Seite 78). Dies ist erklärbar, da Vitamin C ein negativeres Redoxpotential ($E_{7,0}$(Ascorbat/Dihydroascorbat) = 0,08 V) als Ubichinol ($E_{7,0}(QH/Q^{\cdot})$ = 0,24 V) hat und daher thermodynamisch in der Lage sein sollte Ubichinon zu reduzieren. Die Reduktion läuft allerdings nur sehr langsam ab, was, betrachtet man den unterschiedlichen hydrophilen Charakter der beiden Moleküle, verständlich ist. Die Lokalisation von Ubichinon im Lipidkern des LDL sowie der stark hydrophile Charakter des Vitamin C machen eine Kollision und damit die Reaktion der beiden Moleküle eher unwahrscheinlich.

Reduktion durch Dihydroliponsäure

Da das Redoxpotential der Dihydroliponsäure (-0,29 V) noch wesentlich negativer ist als das der Ascorbinsäure sollte auch Dihydroliponsäure in wäßrigem Milieu in der Lage sein Ubichinon zum Ubichinol zu reduzieren (JOCELYN, 1972). Dies konnte in dieser Arbeit bestätigt werden. Die Reduktion von Ubichinon zum Ubichinol läuft dabei wesentlich schneller ab als durch Vitamin C, da hier beide Reaktionspartner in der gleichen Phase gelöst sind und das Redoxpotential der Dihydroliponsäure negativer ist als das der Ascorbinsäure und (Abb. 45 & 46, Seite 79 und 80).

Es ist bekannt, daß die Dihydroliponsäure die Ascorbinsäure-abhängige Reduktion von α-Tocopheryl-Radikalen im LDL synergistisch stimuliert (KAGAN et al., 1991). Weiterhin ist jedoch auch bekannt, daß Dihydroliponsäure α-Tocopherol in mikrosomalen und liposomalen Membranen nur wenig effizient regeneriert (CHAN et al., 1974). Daher kann man davon ausgehen, daß die Stimulierung der α-Tocopherolregenerierung durch Dihydroliponsäure nicht auf der direkten Reduktion von α-Tocopherylradikalen beruht.

Weiterhin ist bekannt, daß Ubichinon in organischer Lösung (Acetonitril) durch Dihydroliponsäure reduziert werden kann, diese Reaktion jedoch sehr langsam abläuft (SCHÖNHEIT et al., 1995). Es ist daher vorstellbar, daß Dihydroliponsäure über eine Ubichinon-Reduktion die α-Tocopherolregenerierung stimuliert. Da reduziertes Lipoat bei der α-Ketosäuredehydrogenasereaktion (Pyruvat-Decarboxilierung, α-Ketoglutarat-Decarboxi-lierung) entsteht, könnte man folgendes Reaktivierungsschema für Alkoxyl- oder Hydroxylradikale aufstellen (Abb. 66).

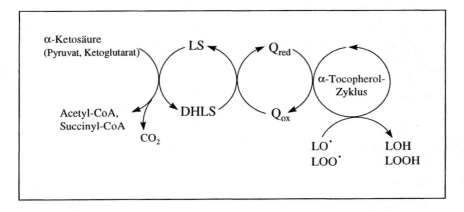

Abb. 66: Möglicher Elektronentransport für die Detoxifizierung von Alkoxi- und Peroxiradikalen auf Kosten von α-Ketosäuren; DHLS, Dihydroliponsäure; LS, Liponsäure; Qred, Ubichinol; Qox, Ubichinon (verändert nach SCHOLICH et al., 1989).

Reduktion durch NADH und Liponsäure

Weiterhin wurde untersucht, ob der Apo B-100 Teil des LDL enzymatische Aktivität besitzt und in der Lage ist bei Anwesenheit eines Reduktionsmittels Ubichinol über eine Liponsäurereduktion oder eine direkte Ubichinon-Reduktion zu regenerieren.

In diesem Zusammenhang konnten KOHAR et al. (1995) zeigen, daß Ubichinon, inkorporiert in Liposomen, bei pH 7,3 in Anwesenheit von NADH und FAD sehr schnell zum Chinol reduziert wird.

Weiterhin ist bekannt, daß andere Apolipoproteine, wie Apolipoprotein AI und AII selbst Lipase-Aktivität besitzen und HDL mit einigen Enzymen assoziiert ist (Mackness und DURRINGTON, 1994).

LDL ist durch Zugabe von NADH weder in der Lage Ubichinon direkt noch über eine Reduktion der Liponsäure zu reduzieren (Tab. 7, Seite 80).

4.8 Trennung und Strukturaufklärung des"Pangamsäure"-Gemisches

Der Pangamsäure werden in der Literatur eine Vielzahl von biologischen Effekten zugesprochen, ohne daß ersichtlich ist mit welcher der vielen Substanzen, die den Namen „Pangamsäure" tragen, die Versuche gemacht wurden. In dieser Arbeit wurde der Einfluß der „Pangamsäure" auf die Lipidperoxidation sowie eine mögliche Stimulierung der oxidativen Phosphorylierung näher untersucht.

Da der „Pangamsäure" in der Literatur keine einheitliche chemische Zusammensetzung zugesprochen wird, wurde mittels Kapillarelektrophorese untersucht, ob das von der Firma Aqua Nova als „Pangamsäure" deklarierte, weiße Pulver eine homogene Substanz oder ein Substanzgemisch ist.

Kapillarelektrophoretisch konnte das als Natriumpangamat ausgezeichnete Pulver in drei Komponenten aufgetrennt werden (Abb. 47, Seite 82). In der Literatur werden solche Substanzgemische ebenfalls als „Pangamsäure" beschrieben (FRENCH und LEVI, 1966). Unter den Drei-komponentensystemen werden zwei Gemische mit folgender Zusammensetzung erwähnt:

- Gemisch 1: D-Gluconodimethylaminosäure, Kalziumglukonat, Kalziumchlorid
- Gemisch 2: Diisopropylammoniumdichloracetat, Glukonsäure, Glycin

Durch die kapillarelektrophoretischen Untersuchungen konnte festgestellt werden, daß zwei der Komponenten des „Pangamsäure"-Rohproduktes dieselben elektrophoretischen Eigenschaften haben wie Glycin und Gluconsäure; die Migrationszeiten sind im Ko-Elektropherrogramm identisch (Abb. 49, Seite 84). Daher lag die Vermutung nahe, daß es sich bei dem hier vorliegenden Pulver um das Gemisch 2 handelt.

Mit Chloroform als Extraktionsmittel konnte die „Pangamsäure" in eine chloroformlösliche Fraktion (Fraktion 1) und eine chloroformunlösliche Fraktion (Fraktion 2) aufgetrennt werden. Die Fraktion 2 enthält zwei Substanzen, bei denen es sich vermutlich um Glycin und

Gluconsäure handelt. Mit Hilfe von spektroskopischen Methoden und Elementaranalyse wurden die Substanzen der beiden Fraktionen näher untersucht. Hierbei wurden die zwei Substanzen der Fraktion 2 als Gemisch analysiert, da sie aufgrund ihres ähnlich hydrophilen Charakters schwer präparativ zu trennen waren. Durch Aufnahme von NMR- , Massen-, und IR-Spektren sowie mit Hilfe der Elementaranalyse konnte die Vermutung bestätigt werden, daß es sich bei dem „Pangamsäure"-Produkt um das Gemisch 2 handelt (Abb. 67). Alle aufgenommenen Spektren sowie die Elementaranalyse stehen im Einklang mit den Strukturen für Diisopropylammoniumdichloracetat, Glycin und Gluconsäure.

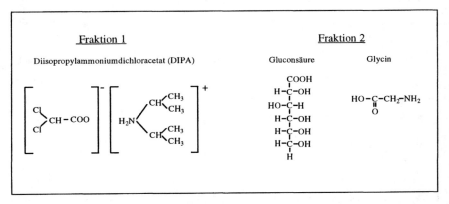

Abb. 67: Strukturformeln der Substanzen des „Pangamsäure"-Gemisches

Durch kapillarelektrophoretische Untersuchungen konnte festgestellt werden, daß ein auf dem deutschen Markt erhältliches Produkt (OYO), dessen reaktive Substanz laut Beipackzettel Natriumpangamat ist, eben dieses Dreikomponentensystem enthält (Abb. 52, Seite 92).

4.9 Einfluß der „Pangamsäure" und ihrer Einzelkomponenten auf die LDL-Oxidation

In der Literatur wird ein positiver Effekt der Pangamsäure auf die Pathogenese der Atherosklerose beschrieben (KOLESNICHENKO, 1970). Daher wird untersucht ob DIPA, Glycin und Gluconsäure eine protektive Wirkung bei der LDL-Oxidation durch Cu(II), Sin1 und synthetisches ONOOH haben.

DIPA, die angeblich reaktive Komponente der „Pangamsäure", und Gluconsäure zeigen keinerlei antioxidative Wirkung auf die Bildung konjugierter Diene und die Erhöhung der elektrophoretischen Mobilität von LDL. Es ist lediglich eine leichte Stimulierung der ONOOH- und Sin1-induzierten sowie Glucose-überstimulierten Bildung konjugierter Diene im LDL beobachtbar (Abb. 55 & 56, Seite 95). Glycin ist die einzige der drei Komponenten, die eine konzentrationsabhängige Verzögerung der Cu(II)-induzierten Dienkonjugation bewirkt und die Bindung von Kupferionen an den Apo B-100-Teil des LDL hemmt (Abb. 53B, Seite 93; Abb. 59, Seite 98). Ein synergistischer Effekt durch Einsetzen des gesamten Gemisches konnte nicht beobachtet werden (Abb. 54, Seite 94). Die hemmende Wirkung von Glycin auf die Dienbildung sowie die Hemmung des Cu(II)-abhängigen Tryptophan-Fluoreszenzquenchings beruht auf der Fähigkeit von Glycin Cu(II)-Ionen zu komplexieren. Somit sind diese ähnlich wie im EDTA-Komplex für ein Redoxcycling nicht mehr zugänglich.

4.10 Einfluß von DIPA auf den mitochondrialen Elektronentransport

Die „Pangamsäure" soll eine Stimulierung des gesamten aeroben Metabolismus bewirken (KREBS et al., 1954; STACPOOLE, 1977 und REVSKOY, 1969). Diese Stimulierung soll über eine Aktivierung von Enzymen der Atmungskette (Cytochromoxidase und Succinat-Ubichinon-Oxidoreduktase) bewirkt werden. LENKOVE (1969) konnte nach Gabe von „Pangamsäure" an gesunde Ratten eine Erhöhung der Cytochromoxidase- und Succinatdehydrogenase-Aktivität im Herz-, Skelettmuskel- und Lebergewebe beobachten.

4 Diskussion

In dieser Arbeit wurde der Einfluß von DIPA auf die mitochondriale Atmung von Rattenlebermitochondrien unter besonderer Berücksichtigung der Cytochromoxidase untersucht. Hierzu wurden Mitochondrien aus Rattenleber isoliert und *in vitro* der Einfluß von DIPA auf den Sauerstoffverbrauch der Mitochondrien gemessen.

Im Einklang mit der Literatur konnte beobachtet werden, daß DIPA die Sauerstoffverbrauchsrate im Atmungszustang IV der Mitochondrien erhöht. Diese erhöhte Sauerstoffverbrauchsrate kann allerdings erst bei sehr hohen Konzentrationen an DIPA beobachtet werden (HATANO et al., 1990). Im Atmungszustand III bleibt die Sauerstoffverbrauchsrate jedoch unverändert. Hierdurch kommt es zur Verschlechterung des Atmungskontrollverhältnises (Abb. 60, Seite 101; Abb. 61, Seite 102). Dies weist darauf hin, daß DIPA den Elektronentransport partiell entkoppelt. Auf den Redoxzustand der Cytochromoxidase hat DIPA keinen Einfluß, beobachtbar ist auch hier nur der höhere Sauerstoffverbrauch im Zustand IV (Abb. 62, Seite 103).

Der stimulierende Effekt ist also nur bedingt beobachtbar und kann nicht als positiv gewertet werden.

Keine der positiven Eigenschaften, die der „Pangamsäure" zugeschrieben werden, treffen auf DIPA zu. Ganz im Gegenteil, DIPA soll einige schädliche Wirkungen haben:
Chlorierte organische Substanzen haben meist carcinogene Eigenschaften, da sie leicht freie Radikale bilden können (WITHY, 1977). Das carcinogene Potential von DIPA im Ames-Test wurde 1982 von GELERNT und HERBERT (1982) beschrieben. Die leistungssteigernde Wirkung, die der „Pangamsäure" nachgesagt wird, konnte von GRAY und TITLOW (1982) nicht bestätigt werden. Weiterhin konnten ZIEMLANSKI et al. (1984 und 1987) feststellen, daß durch Vitamin B_{15}-Gaben über 12-18 Monaten die Fetteinlagerung in die Leber ansteigt und „Vitamin B_{15}" die Glutathion-Peroxidase-Aktivität hemmt.
Aufgrund dieser Tatsachen sollte vom Einsatz von DIPA als Arzneimittel unbedingt abgesehen werden.
Auch andere Substanzen, die unter dem Namen „Pangamsäure" geführt werden, haben gesundheitsschädliche Wirkung. Dimethylglycin. reagiert z.B mit Nitrit unter Bildung des potenten carcinogenen Dimethylnitrosamins und dem etwas weniger carcinogenen Nitrososarcosin (FRIEDMAN, 1975). Nitrososarcosin kann Krebs in der Rachenhöhle und Speiseröhre von Ratten induzieren (HARTMAN, 1978).

4.11 Einfluß von Ubichinon auf die mitochondriale Respiration

Trotz der hohen Konzentration an Coenzym Q_{10} in der Mitochondrienmembran, ist die Geschwindigkeit der Atmungskette stark von der Coenzym Q_{10}-Konzentration abhängig (LENAZ, 1991). Dies wird darauf zurückgeführt, daß die Affinität von Coenzym Q_{10} zu den Enzymen, mit denen eine Wechselwirkung besteht, nicht hoch genug ist, um sie in einer physiologischen Chinonkonzentration in der Membran zu saturieren. Jeglicher Prozeß, der zu einem gewissen Abfall der Konzentration des Gesamt-Coenzym Q_{10} der Mitochondrien oder zu übermäßiger Oxidation im mitochondrialen Q-Pool führt, hat demnach eine Hemmung der protonentreibenden Kraft und damit der ADP-Phosphorylierung zur Folge.

Da Ubichinon bisher in wäßriger Lösung nicht verfügbar war, konnte exogenes Ubichinon *in vitro* Mitochondrien nicht angeboten werden.

In dieser Arbeit wurde daher der Einfluß von exogenem Ubichinon (in wäßriger Lösung) auf Mitochondrien untersucht.

Der Emulgator, mit dessen Hilfe Ubichinon in Wasser gelöst wird, führt in den Konzentrationen die für Versuche mit Ubichinon benötigt werden, zum Zusammenbruch des Elektronentransports (Abb.63, Seite 104). Da der Emulgator ein oberflächenaktives Substanz-Gemisch ist und somit wahrscheinlich die Membranstruktur der Inneren-Mitochondrienmembran schädigt, ist die Wirkung des Emulgators als Entkoppler erklärbar. Unter physiologischen Bedingungen kann man jedoch davon ausgehen, daß der Emulgator keinen Einfluß auf den Elektronentransport hat, da er verstoffwechselt wird. Bei einer Konzentration von 8,76 µM Ubichinon im Ansatz ist eine Stimulierung des Sauerstoffverbrauchs nicht beobachtbar (Abb. 64, Seite 105).

5 Zusammenfassung

Oxidativer Streß spielt bei vielen pathologischen Prozessen eine große Rolle. So hält man zur Zeit die LDL-Oxidation für einen initialen Prozeß bei der Atherosklerose. In dieser Arbeit wurde besonders die Rolle von Peroxynitrit bei der Initiierung der LDL-Oxidation in der diabetischen Situation, sowie die Wirkung von möglichen Antioxidantien wie Coenzym Q_{10} und „Pangamsäure" auf diese Oxidation untersucht. Gleichwohl galt es den Einfluß der beiden Substanzen auf die mitochondriale Atmung zu testen.

Die Bildung des OH•-Radikales beim Zerfall von Peroxynitrit wird zur Zeit diskutiert. Bei Reaktionen mit Peroxynitrit wird zwischen der sukzessiven Entstehung von Peroxynitrit aus seinen Vorläufern $O_2^{•-}$ und NO• (Zerfall von Sin1) und dem direkten Einsatz von synthetischem ONOOH unterschieden. Die Reaktion mit verschiedenen Indikatormolekülen (KMB und ACC) sowie charakteristische Hemmuster durch SOD, Katalase, Hämoglobin, Desferal, EDTA, Mannit, Formiat und Harnsäure erlauben eine Unterscheidung zwischen den reaktiven Spezies HOCl, Fenton-Typ-Oxidantien, Sin1 und ONOOH.

Sin1 und ONOOH induzieren die Bildung konjugierter Diene im LDL sowie die Erhöhung der elektrophoretischen Mobilität im Agarosegel. Sin1 hat in beiden Systemen eine wesentlich geringere oxidative Wirkung als ONOOH. Die Zugabe von OH•-Radikal-Scavenger wie Mannit und Formiat führt zu einer starken Stimulierung der Sin1-induzierten Dienkonjugation. Auch Glucose (Diabetes!) bewirkt eine vergleichbare, konzentrationsabhängige Stimulierung der Sin1- und ONOOH-induzierten Dienbildung. Dies wäre eine Erklärung für das erhöhte Risiko für Atherosklerose von Diabetikern.

Die Empfindlichkeit von LDL-Partikeln gegenüber Oxidation wird unter anderem von ihrem Antioxidantiengehalt beeinflußt. In *in vitro*-Versuchen wurde festgestellt, daß Coenzym Q_{10} und α-Tocopherol aus der wäßrigen Lösung in das LDL entlassen wird. Wird nun die Cu(II)- und Peroxynitrit-induzierte sowie Glucose-überstimulierte Oxidation des LDL untersucht, so ist deutlich erkennbar das die Bildung konjugierter Diene durch Ubichinon und Ubichinol konzentrationsabhängig verzögert wird. Ubichinol hat eine wesentlich höhere antioxidative Kapazität als Ubichinon. Die Oxidation des Proteinanteils bleibt durch die Testsubstanzen unbeeinflußt. Die antioxidative Kapazität von α-Tocopherol während der Cu(II)-induzierten Dienbildung ist ungefähr mit der von Ubichinol vergleichbar, während die Sin1-

induzierte und Glucose-stimulierte Dienbildung durch Ubichinol stärker gehemmt wird. Durch die Anreicherung beider Substanzen im LDL erreicht man in beiden Systemen einen überadditiven Hemmeffekt. Betrachtet man die Antioxidantienzusammensetzung während der LDL-Oxidation so stellt man fest, daß Ubichinol zuerst oxidiert wird, während die α-Tocopherol-Konzentration nur minimal abnimmt. Erst wenn Ubichinol vollständig in seine oxidierte Form konvertiert ist beginnt die Oxidation des Vitamin E. Die Lipidperoxidation setzt ein, sobald alle Antioxidantien erschöpft sind. Der Zusatz von Glucose zum Oxidationsansatz mit Sin1 bewirkt hier eine beschleunigte Ubichinol-Oxidation.

Es stellt sich darüber hinaus die Frage ob oxidiertes Coenzym Q_{10} am LDL re-reduziert werden kann. In dem Zusammenhang konnte gezeigt werden, daß sowohl die Ascorbinsäure in einem Langsamprozeß als auch die reduzierte α-Liponsäure das oxidierte Coenzym Q_{10} relativ schnell in die reduzierte Form überführt. Insgesamt ergibt sich also ein sehr interessantes Gesamtbild dahingehend, daß die Kooperativität von α-Tocopherol, Coenzym Q_{10} und Dihydroliponsäure am isolierten LDL-Molekül gezeigt werden kann.

Durch die Kapillarelektrophorese konnte das als „Pangamsäure" deklarierte Substanzgemisch in drei Komponenten aufgetrennt werden. Mittels Elementaranalyse und spektroskopischer Methoden konnten die Substanzen als Diisopropylammonium-dichloracetat (DIPA), Glycin und Gluconsäure identifiziert werden. DIPA, die angeblich reaktive Komponente des Gemisches, zeigt keinerlei antioxidative Wirkung bei der Oxidation des LDL. Glycin ist die einzige Komponente die, aufgrund ihrer Fähigkeit Cu(II)-Ionen zu komplexieren, in der Lage ist die Cu(II)-induzierte LDL-Oxidation zu hemmen.

Betrachtet man die Atmungsparameter von Rattenleber-Mitochondrien nach Behandlung mit DIPA, fällt auf, daß DIPA in hohen Konzentrationen die Sauerstoffverbrauchsrate im Atmungszustand IV steigert. Der Atmungszustand III bleibt unbeeinflußt, wodurch es zur Verschlechterung des Atmungskontrollverhältnisses kommt. Die einzige beobachtbare Wirkung von DIPA auf die mitochondriale Atmung ist demnach die Wirkung als Entkoppler.

Die Untersuchungen zum Einfluß von exogen angebotenem Coenzym Q_{10} auf die mitochondriale Atmung, scheiterten an der Entkopplerwirkung des, zur Lösung von Ubichinon in Wasser benötigten, Emulgators. *In vivo* wird der Emulgator verstoffwechselt und hat daher vermutlich keinen Einfluß auf die mitochondriale Respiration.

6 Literatur

Alleva R, Tomasetti M, Battino M, Curatola G, Littarru GP, Folkers K. The role of coenzyme Q10 and vitamin E on peroxidation of human low density lipoprotein subfractions. *Proc Natl Acad Sci USA* 1995; 92:9388-9391.

Asmus KD, Nigam S. Kinetics of nitroxyl radical reactions. A pulse-radiolysis conductivity study. *Int J Radiat Biol Relat Stud Phys Chem Med* 1976; 29:211-219.

Bartosz G. Peroxynitrite: mediator of the toxic action of nitric oxide. *Acta Biochim Polonica* 1996; 43:645-660.

Beckmann JS, Chen J, Ischiropoulos H, Crow JP. Oxidative chemistry of peroxynitrite. *Methods in Enzymology* 1994; 233:229-240.

Bernini F, Catapano AL, Corsini A, Fumagalli R, Paoletti R. Effects of calcium antagonists on lipids and atherosklerosis. *Am J Cardiol* 1989; 64:129I-134I.

Bolanos JP, Heales SJ, Land JM, Clark JB. Effect of peroxynitrite on the mitochondrial respiratory chain: differential susceptibility of neurones and astrocytes in primary culture. *J Neurochem* 1995; 64:1965-1972.

Bowry VW, Mohr D, Cleary J, Stocker R. Prevention of tocopherol-mediated peroxidation in ubiquinol-10-free human low density lipiprotein. *J Biol Chem* 1995; 270:5756-5763.

Bowry VW, Stocker R. Tocopherol-mediated peroxidation. The prooxidant effect of vitamin E on the radical-initiated oxidation of human low density lipoprotein. *J Am Chem Soc* 1993; 115:6029-6044.

Breugnot C, Maziere C, Auclain M , L., Ronveaux MF, Salmon S, Santus R, Morliere P, Lenaers A, Maziere JC. Calcium antagonists prevent monocyte and endothelial cell-induced modification of low density lipoproteins. *Free Radic Res Commun* 1991; 15 (2):91-100.

Brown ms, goldstein jl. Receptor-mediated endocytosis: in sights from the lipoprotein receptor system. *proc Natl Acad Sci USA* 1979; 76:3330-3337.

Brown ms, goldstein jl. Scavenger cell receptor shared. *nature* 1985; 316:680-681.

Chan SW, Chan PC, Bielski BHJ. Studies of lipoic acid free radical. *Biochim Biophys Acta* 1974; 338:213

Chance B, Williams GR. A method for the localisation of sites for oxidative phosphorylation. *nature* 1955; 176:250-254.

Chance B, Williams GR. Respiration enzymes in oxidative phosphorylation . Kinetics of oxygen utilization. *J Biol Chem* 1955; 217:383-393.

Claise C, Edeas M, Chalas J, Cockx A, Abella A, Capel L, Lindenbaum A. Oxidized low-density lipoprotein induces the production of interleukin-8 by endothelial cells. *FEBS Lett* 1996; 398:223-227.

Copper AJL. Biochemistry of sulfur-containing amino acids. *Annu Rev Biochem* 1983; 52:187-222.

Croft KD, Williams P, Dimmitt S, Abu-Amsha R, Beilin LJ. Oxidation of low-density lipoproteins: effect of antioxidant content, fatty acid composition and intrinsic phospholipase activity on susceptibility to metal ion-induced oxidation. *Biochim Biophys Acta* 1995; 1254:250-256.

Darley-Usmar VM, Hogg N, O'Leary VJ, Wilson MT, Moncada S. The simultaneous generation of superoxide and nitric oxide can initiate lipid peroxidation in human low density lipoprotein. *Free Radic Res Commun* 1992; 17:9-20.

de Rijke YB, Bredie SJ, Demacker PN, Vogelaar JM, Hak-Lemmers HL, Stalenhoef AF. The redox status of coenzyme Q10 in total LDL as an indicator of in vivo oxidative modification. Studies on subjects with familial combined hyperlipidemia. *Arterioscler Thromb Vasc Biol* 1997; 17:127-133.

de Vries S, Albracht SPJ, Berden JA, Slater EC. A new species of bound ubisemiquinone anion in QH2: Cytochrome c oxidoreductase. *J Biol Chem* 1981; 256:11996-11998.

Elstner EF. *Der Sauerstoff: Biochemie, Biologie, Medizin*. Mannheim, Wien, Zürich: BI Wissenschaftsverlag, 1990:

Esterbauer H, Dieber-Rotheneder M, Waeg G, Striegl G, Jürgens G. Biochemical, structural, and functional properties of oxidized low-density lipoprotein. *Chem Res Toxicol* 1990; 3:77-92.

Esterbauer H, Gebicki J, Puhl H, Jurgens G. The role of lipid peroxidation and antioxidants in oxidative modification of LDL. *Free Radic Biol Med* 1992; 13:341-390.

Esterbauer H, Schaur RJ, Zöllner H. Chemistry and biochemistry of 4-hydroxynonenal, malonaldehyd and related aldehyde. *Free Rad Biol Med* 1991; 11:81-128.

Esterbauer H, Striegl G, Puhl H, Rotheneder M. Continous monitoring of in vitro oxidation of human low density lipoprotein. *Free Radic Res Commun* 1989; 6:67-75.

French WN, Levi L. Pangamic acid (vitamin B15, Pangametin, Sopanganiine): its composition and determination in pharmaceutical dasage forms. *Can med Ass J* 1966; 94:1185

Friedman MA. Reaction of sodium nitrite with dimethylglycine produces nitrososarcosine. *Bull Environm Contamin and Foxicol* 1975; 13:226-232.

Garner B, Jessup W. Cell-mediated oxidation of low-density lipoprotein: the elusive mechanism(s). *Redox Report* 1996; 2:97-104.

Garner B, Reyk D, Dean RT, Jessup W. Direct copper reduction by macrophages. *J Biol Chem* 1997; 272:6927-6935.

Gatti RM, Augusto O, Kwee JK, Giorgio S. Leishmanicidal activity of peroxynitrite. *Redox Rep* 1995; 1:261-265.

Gelernt MD, Herbert V. Mutagenicity of diisopropylamine dichloracetate, the "active constituent" of vitamin B15 (pangamic acid). *Nutr Cancer* 1982; 3 (3):129-133.

Gieseg SP, Esterbauer H. Low density lipoprotein is saturably by pro-oxidant copper. *FEBS Letters* 1994; 343:188-194.

Giessauf A, Steiner E, Esterbauer H. Early destruction of tryptophan residues of apolipoprotein B is a vitamin E-independent process during copper-mediated oxidation of LDL. *Biochim Biophys Acta* 1995; 1256:221-232.

Goldman R, Stoyanovsky DA, Tsyrlov IB, Grogan J, Kagan VE. Reduction of phenoxylradicals by the purified human NADH cytochrome P450 reductase. *Free Radic Biol Med* 1993; 15:542

Gow A, Duran D, Thom SR, Ischiropoulos H. Carbon dioxide enhancement of peroxynitrite-mediated protein tyrosine nitration. *Arch Biochem Biophys* 1996; 333 (1):42-48.

Graham A, Hogg N, Kalyanaraman B, O'Leary V, Darley-Usmar V, Moncada S. Peroxynitrite modification of low-density lipoproteinleads to recognition by the macrophage scavenger receptor. *FEBS Lett* 1993; 330:181-185.

Gray ME, Titlow LW. The effect of pangamic acid on maximal treadmill performance. *Med Sci Sports Exerc* 1982; 14 (6):424-427.

Greenberg S, Frishman WH. Co-enzyme Q10: a new drug for cardiovascular disease. *J Clin Pharmacol* 1990; 30:596-608.

Hanaki Y, Sugiyama S, Ozawa T, Ohno M. Coenzyme Q10 and coronary artery disease. *Clin Investig* 1993; 71:112-115.

Hartman PH. Nitates and nitrits in the human diet. *Science* 1978; 202:260

Hatano M, Katsu K, Ishihara M. Examination of toxicity of diisopropylammonium dichloracetat (DADA), remedies for cardiac diseases, toward isolated rat hepatocytes. *Meiki Daigaku Shigaku Zasshi* 1990; 19 (1):137-144.

Haugland RP. Handbook of Fluorescent Probes and Research Chemicals. *Molecular Probes* 1995; 6:497-502.

Heinecke JW. Mechanism of oxidative damage of low density lipoprotein in human atherosclerosis. *Cur Opi Lip* 1997; 8:268-274.

Heinecke JW, Kawamura M, Suzuki L, Chait A. Oxidation of low density lipoprotein by thiols: superoxide-dependent and -independent mechanisms. *J Lip Res* 1993; 34:2051-2061.

Hogg N, Darley-Usmar VM, Moncada S, Wilson TM. Production of hydroyl radicals from the simultaneous generation of superoxide and nitric oxide. *Biochem J* 1992; 281:419-424.

Hogg N, Darley-Usmar VM, Wilson MT, Moncada S. The oxidation of alpha-tocopherol in human low-density lipoprotein by simultaneous generation of superoxide and nitric acide. *FEBS Lett* 1993; 326:199-203.

Hogg N, Struck A, Goss SPA, Santanam N, Joseph J, Parthasarathy S, Kalyanaraman B. Inhibition of macrophage-dependent low density lipoprotein oxidation by nitric oxide donors. *J Lipid Res* 1995; 36:1756-1762.

Holvoet P, Collen D. Oxidized lipoproteins in atherosclerosis and thrombosis. *Faseb J* 1994; 8:1279-1284.

Houk KN, Condroski KR, Pryor WA. Radical and concerted mechanisms in oxidations of amines, sulfides, and alkenes by peroxynitrite, peroxynitrous acid, and the peroxynitrite-CO2 adduct: density functional theory transition structures and energetics. *J Am Chem Soc* 1996; 118:13002-13006.

Hunt JV, Bottoms MA, Clare K, Skamarauskas JT, Mitchinson MJ. Glucose oxidation and low-density lipoprotein-induced macrophage ceroid accumulation: possible implications for diabetic atherosclerosis. *Biochem J* 1994; 300:243-249.

Ingold KU, Bowry VW, Stocker R, Walling C. Autoxidation of lipids and antioxidation by alpha-tocopherol and ubiquinone in homogeneous solution and in aqueous dispensions of lipids: unrecognized consequences of lipid particle size as exemplified by oxidation of human low density lipoprotein. *Proc Natl Acad Sci USA* 1993; 90:45-49.

Jessup W, Rankin SM, De Whalley CV, Hoult JRS, Scott J, Leake DS. Alpha-tocopherol consumption during low-density-lipoprotein oxidation. *Biochem J* 1990; 265:399-405.

Jocelyn PC. "Biochemistry of the SH-group". *Academic Press New York* 1972;

Kagan VE, Freisleben HJ, Tsuchiya M, Forte T, Packer C. Generation of probucol radicals and their reduction by ascorbate and dihydrolipoic acid in human low density lipoprotein. *Free Radic Res Commun* 1991; 15:265-275.

Kagan VE, Nohl H, Quinn PJ. *Handbook of Antioxidants.* New York, Basel, Hong Kong: Marcel Dekker, Inc., 1996: 157-201.

Kagan VE, Packer L. Electron transport regenerates vitamin E in mitochondria and microsomes via ubiquinone: an antioxidant duet. *Richelieu Press* 1993; 27-36.

Kagan VE, Serbinova EA, Packer L. Antioxidant effects of ubiquinones in microsomes and mitochondria are mediated by tocopherol recycling. *Biochem Biophys Res Commun* 1990; 169:851-857.

Kagan VE, Stoyanovsky DA, Quinn PJ. Integrated functions of coenzym Q and vitamin E in antioxidant action.. In: Nohl H, Esterbauer H, Rice-Evans C, eds. *Free radicals in the enviroment and toxicology..* London, Richelieu Press, 1994:221-247.

Katsikas H, Quinn PJ. The interaction of coenzym Q with dipalmitoyl-phosphatidylcholin bilayers. *FEBS Letters* 1981; 133:230-234.

Katsikas H, Quinn PJ. The distribution of ubiquinone-10 in phospholipid bilayers. *Eur J Biochem* 1982; 124:165-169.

Kaur H, Witeman M, Halliwell B. Peroxynitrite-dependent aromatic hydroxylation and nitration of salicylate and phenylalanine. *Free Rad Res* 1997; 26:71-82.

Kawamura M, Heinecke JW, Chait A. Pathophysiological concentration of glucose promote oxidative modification of low density lipoprotein by superoxide-dependent pathway. *J Clin Invest* 1994; 94:771-778.

Kikugawa K, Beppu M, Okamoto Y. Uptake by macrophages of low-density lipoprotein damaged by nitrogen dioxide in air. *Lipids* 1995; 30:313-320.

Kohar I, Baca M, Suarna C, Stocker R, Southwell-Keely PT. Is alpha-tocopherol a reservoir for alpha-tocopheryl hydroquinone? *Free Radic Biol Med* 1995; 19:197-207.

Kolesnichenko YA. Effect of different doses and periods of vitamin B15 adminitration on certain links in cholesterol metabolism. *Vop Pitan* 1970; 26:13

Kontush A, Finckh B, Karten B, Kohlschutter A, Beisiegel U. Antioxidant and prooxidant activity of alpha-tocopherol in human plasma and low density lipoprotein. *J Lipid Res* 1996; 37:1436-1448.

Kontush A, Huber C, Finckh B, Kohlschutter A, Beisiegel U. Antioxidative activity of ubiquinol-10 at physiologic concentrations in human low density lipoprotein. *Biochim Biophys Acta* 1995; 1258:177-187.

Kontush A, Hubner C, Finckh B, Kohlschutter A, Beisiegel U. How different constituents of low density lipoprotein determine its oxidizability by copper: a correlational approach. *Free Radic Res* 1996; 24:135-147.

Kontush A, Hubner C, Finckh B, Kohlschutter A, Beisiegel U. Low density lipoprotein oxidizability by copper correlates to its initial ubiquinol-10 and polyunsaturated fatty acid content. *FEBS Lett* 1994; 341:69-73.

Koppenol WH, Moreno JJ, Pryor WA, Ischiropoulos H, Beckman JS. Peroxynitrite: A cloaked oxidant from superoxide and nitric oxide. *Chem Res Toxicol* 1992; 5:834-842.

Kovats T, Kraszner-Berndorfer E, Devai A. Zum Nachweis und zur Bestimmung von Pangaminsäure (Vitamin B15). *Zeitschrift für Lebensmittel-Untersuchuung und -Forschung* 1968; 139:61-67.

Kraushaar AE, Schunk RW, Thym HF. Zur Pharmakologie des Diisopropyl amines. *Arzneim Forsch* 1963; 13 (2):109-117.

Krebs ET , Krebs ET , Beord NH, Malin R, Harris AT, Bartlett CL. Pangamic acid sodium: a new isolated crystalline water-soluble factor. *Int Red Med* 1954; 164 (1):18-23.

Landi L, Cabrini L, Tadolini B, Sechi AM, Pasquali P. Incorporation of ubiquinones into lipid vesicles and inhibition of lipid peroxidation. *Ital L Biochem* 1985; 34:356-363.

Landi L, Fiorentini D, Stefanelli C, Pasquali P, Pedulli GF. Inhibition of autoxidation of egg yolk phosphatidylcholine in homogenous solution and in lipospmes by oxidized ubiquinone. *Biochim Biophys Acta* 1990; 1028:223-228.

Leeuwenburgh C, Hardy MM, Hazen SL, Wagner P, Oh-ishi S, Steinbrecher UP, Heinecke JW. Reactive nitrogen intermediates promote low densit lipoprotein oxidation in human atherosclerotic intima. *J Biol Chem* 1997; 272 (3):1433-1436.

Lemercier JN, Squadrido GL, Pryor WA. Spin trap studies on the decomposition of peroxynitrite. *Arch Biochem Biophys* 1995; 321:31-39.

Lenaz G, Fato R , C., Battino M, Cavazzoni M, Rauchova N, Parenti Castelli G. Coenzym Q saturation kinetics of mitochondrial enzymes: theory, experimental aspects and biomedical implications.. In: Folkers K, Yamagami T, Littarru GP, eds. *Biomedical and Clinical Aspects of Coenzyme Q*. Eds. Elsvier, 1991:11-18.

Lenkove RI. Effect of pangamic acid on the oxidative phosphorylation in mitochondria of skeletal muscle. *Citologia* 1969; 11:1427

Littarru GP, Battino M, Tomasetti M, Mordente A, Santini S, Oradei A, Manto A, Ghirlanda G. Metabolic implications of coenzyme Q10 in red blood cells and plasma lipoproteins. *Mol Aspects Med* 1994; 15:67-72.

Lizasoain I, Moro MA, Knowles RG, Darley-Usmar V, Moncada S. Nitric oxide and peroxynitrite exert distinct effects on mitochondrial respiration which are differentially blocked by glutathione or glucose. *Biochem J* 1996; 314:877-880.

Logager T, Sehested K. Formation and decay of peroxynitrous acid: A puls radiolysis study. *J Phys Chem* 1993; 97:6664-6669.

Lymar SV, Hurst JK. Carbon dioxide: physiological catalyst for peroxynitrite-mediated cellular damage or cellular protectant? *Chem Res Toxicol* 1996; 9:845-850.

Lymar SV, Jiang Q, Hurst JK. Mechanism of carbon dioxide-catalyzed oxidation of tyrosine by peroxynitrite. *Biochemistry* 1996; 35:7855-7861.

Lynch SN, Frei B. Reduction of copper, but not iron, by human low density lipoprotein (LDL). *J Biol Chem* 1995; 270 (10):5158-5163.

Maeba R, Maruyama A, Tarutani O, Ueta N, Shimasaki H. Oxidized low-density lipoprotein induces the production of superoxide by neutrophils. *FEBS Lett* 1995; 377:309-312.

Mackness MI, Durrington PN. HDL, ist enzymes and ist potential to influence lipid peroxidation. *Atherosclerosis* 1995; 115: 243-253.

Maiorino M, Zamburlini A, Roveri A, Ursini F. Prooxidant role of vitamin E in copper induced lipid peroxidation. *FEBS Lett* 1993; 330 (2):174-176.

Mayer B, Hemmens B. Biosynthesis and action of nitric oxide in mammalian cells. *TIBS* 1997; 22:477-481.

Merati G, Pasquali P, Vergani C, Landi L. Antioxidant activity of ubiquinone-3 in human low density lipoprotein. *Free Radic Res Commun* 1992; 16:11-17.

Mitchell P. The protonmotive Q cycle: a general formulation. *FEBS Letters* 1975; 59:137-139.

Mitchell P. Protonmotive redox mechanisms of cytochrome b-c1 complex in the respiratory chain: protonmotive ubiquinone cycle. *FEBS Letters* 1975; 45:1-6.

Mitchell P. Possible molecular mechanisms of the protonmotive function of cytochrome systems. *J Theor Biol* 1976; 62:327-367.

Modolell M, Eichmann K, Soler G. Oxidation of N-hydroxyl-L-arginine to nitric oxide mediated by respiratory burst: an alternative pathway to NO synthesis. *FEBS Letters* 1997; 401:123-126.

Mohr D, Bowry VW, Stocker R. Dietary supplementation with coenzyme Q10 results in increased levels of ubiquinol-10 within circulating lipoproteins and increased resistance of human low-density lipoprotein to the initiation of lipid peroxidation. *Biochim Biophys Acta* 1992; 1126:247-254.

Mondoro TH, Shafer BC, Vostal JG. Peroxynitrite-induced tyrosine nitration and phosphorylation in human platelets. *Free Radic Biol Med* 1997; 22:1055-1063.

Moore KP, Darley-Usmar VM, Morrow J, Roberts LJ. Formation of F2-isoprostanes during oxidation of human low-density lipoprotein and plasma by peroxynitrite. *Circ Res* 1995; 77:335-341.

Mukai K, Kikuchi S, Urano S. Stopped-flow kinetic study of the regeneration reaction of tocopheroxyl radical by reduced ubiquinone-10 in solution. *Biochim Biophys Acta* 1990; 1035:77-83.

Mukai K, Morimoto H, Kikuchi S, Nagaoka S. Kinetic study of free radical scavenging action of biological hydroquinones (reduced forms of ubiquinone, vitamin K and tocopherol quinone) in solution. *Biochim Biophys Acta* 1993; 1157:313-317.

Multhaup G, Schlichsupp A, Hesse L, Beher D, Ruppert T, Masters CL, Beyreuther K. The amyloid precursor protein of Alzheimers disease in the reduction of copper(II) to copper(I). *Science* 1996; 271:1406-1409.

Müller T, Haussmann HJ, Schepers G. Evidence for peroxynitrite as an oxidative stress-inducing compound of aqueous cigarette smoke fractions. *Carc* 1997; 18:295-301.

Neta P, Steenken S. One elektron redox potential of phenols, hydroxy and aminophenols and related compounds of biological interest. *J Phys Chem* 1992; 93:7654-7659.

Nohl H, Stolze K. Ubisemiquinones of the mitochondrial respiratory chain do not interact with molecular oxygen. *Free Rad Res Commun* 1992; 16:409-419.

Parthasarathy S, Rankin SM. Role of oxidized low density lipoprotein in atherogenesis. *Prog Lipid Res* 1992; 31 (2):127-143.

Parthasarathy S, Steinberg D, Witztum JL. The role of oxidized low density lipoprotein in the pathogenesis of atherosclerosis. *Annu Rev Med* 1992; 43:219-225.

Posin C, Buckley RD, Clark K, Hackney JD, Jones MP, Patterson JV. Nitrogen dioxide inhalation and human blood biochemistry. *Arch Environ Health* 1978; 33:318-324.

Pou S, Nguyen SV, Gladwell T, Rosen G . Does peroxynitrite generate hydroxyl radical? *Biochim Biophys Acta* 1995; 1244:62-68.

Prutz WA, Monig H, Butler J, Land EJ. Reactions of nitrogen dioxide in aqueouse model systems: oxidation of tyrosine units in peptides and proteins. *Arch Biochem Biophys* 1985; 243:125-134.

Pryor WA, Squadrito GL. The chemistry of peroxynitrite: a product from the reaction of nitric oxide with superoxide. *Am J Physiol* 1995; 268:L699-L722.

Radi R, Cosgrove TP, Beckman JS, Freeman B . Peroxynitrite-induced luminol chemiluminescence. *Biochem J* 1993; 290:51-57.

Revskoy AK. Experimental basis for use of calcium pangamate in prophylaxis of acute ischemia following ligation of the main artery of an extremity. *Patol Fiziol Eksp Terap* 1969; 13:66

Rich PR, Bendall DS. The kinetics and thermodynamics of the reduction of cytochrome c by substituted p-benzoquinols in solution. *Biochim Biophys Acta* 1980; 592:506-518.

Riemschneider R, Quelle G. Existence of "pangamic acid" alias "vitamin B15"? *Fortschr Med* 1984; 102 (12):339-341.

Rifici VA, Schneider SH, Khachadurian AK. Stimulation of low-density lipoprotein oxidation by insulin and insulin like growth factor I. *Atherosclerosis* 1994; 107:99-108.

Sagai M, Ichinose T, Oda H, Kubota K. Studies on biochemical effects of nitrogen dioxide. II. Changes of protective systems in rat lung and of lipid peroxidation by acute exposure. *J Toxicol Environ Health* 1982; 9:153-164.

Saran M, Michel C, Bors W. Reaction of NO with O2-: Implications for the action of endothelium-derived relaxing factor (ERDF). *Free Radic Res Commun* 1990; 10:221-226.

Scholich H, Murphy ME, Sies H. Antioxidant activity of dihydrolipoate against lipid peroxidation and its dependence on alpha-tocopherol. *Biochim Biophys Acta* 1989; 1001 (3):256-261.

Schönheit K, Gille L, Nohl H. Effect of alpha-lipoic acid and dihydrolipoic acid on ischemia/reperfusion injury of the heart and heart mitochondria. *Biochim Biophys Acta* 1995; 1271:335-342.

Shi X, Lenhart A, Mao Y. ESR spin trapping investigation on peroxynitrite decomposition: No evidence for hydroxylradical formation. *Biochem Biophys Res Commun* 1994; 203:1515-1521.

Soszynski M, Bartosz G. Effect of peroxynitrite on the red blood cell. *Biochim Biophys Acta* 1996; 1291:107-114.

Squadrido GL, Jen X, Pryor WA. Stopped-flow kinetic study of reaction of ascorbic acid with peroxynitrite. *Arch Biochem Biophys* 1995; 322:53-59.

Stacpoole PW. Pangamic acid ("vitamin B15"). *Nutr, Diet* 1977; 27:145-163.

Stocker R, Bowry VW, Frei B. Ubiquinol-10 protects human low density lipoprotein more efficiently against lipid peroxidation than does alpha-tocopherol. *Proc Natl Acad Sci USA* 1991; 88:1646-1650.

Stocker R, Frei B. Endogenous antioxidant defences in human blood plasma.. In: Anonymous, ed. *Oxidative stress: oxidants and antioxidants..* Academic press ltd., 1991:213-243.

Stocker R, Suarna C. Extracellular reduction of ubiquinone-1 and -10 by human Hep G2 and blood cells. *Biochim Biophys Acta* 1993; 1158:15-22.

Szarkowska, Kingenberg. *Biochem Z* 1963; 338:647-697.

Takahashi T, Yamaguchi T, Shitashige M, Okamoto T, Kishi T. Reduction of ubiquinone in membrane lipids by rat liver cytosol and its involvement in the cellular defence system against lipid peroxidation. *Biochem J* 1995; 309:883-890.

Thomas SR, Neuzil J, Mohr D, Stocker R. Coantioxidants make alpha-tocopherol an efficient antioxidant for low-density lipoprotein. *Am J Clin Nutr* 1995; 62:1357S-1364S.

Thomas SR, Neuzil J, Stocker R. Cosupplementation with coenzyme Q prevents the prooxidant effect of alpha-tocopherol and increases the resistance of LDL to transition metal-dependent oxidation. *Arterioscler Thromb Vasc Biol* 1996; 16:687-696.

Uppu RM, Squadrido GL, Pryor WA. Acceleration of peroxynitrite oxidations by carbon dioxide. *Arch Biochem Biophys* 1996; 327:335-343.

Vasquez-Vivar J, Santos AM, Junqueira VBC, Augusto O. Peroxynitrite-mediated formation of free radicals in human plasma: EPR detektion af ascorbyl, albuminthiyl and uric acid-derived free radicals. *Biochem J* 1996; 314:869-876.

Vetrovsky P, Stoclet JC, Entlicher G. Possible mechanism of nitric oxide production from NG-hydroxy-L-arginine or hydroxylamine by superoxide ion. *Int J Biochem Cell Biol* 1996; 28:1311-1318.

vKruedener S, Schempp H, Elstner EF. Gas chromatographic differentiation between myeloperoxidase activity and Fenton-typ oxidants. *Free Rad Biol Med* 1995; 19:141-146.

Withy JR. Mutagenic, carcinogenic and teratogenic hazards arising from human exposure to plastic additives.. In: Hiatt HH, Watson JD, Winsten JA, eds. *Origins of human cancer..* New York, Cold Spring Harber Lboratory, 1977:

Yoshida Y, Tsuchiya J, Niki E. Interaction of alpha-tocopherol with copper and its effect on lipid peroxidatio. *Biochim Biophys Acta* 1994; 1200:85-92.

Youngman RJ, Elstner EF. Oxygen species in paraquat toxicity: the crypto-OH-radical. *FEBS Lett* 1981; 129:265-268.

Zetkin M, Schaldach H. *Wörterbuch der Medizin.* Berlin: VEB Verlag, Volk und Gesundheit, 1964:

Zhang Y, Turunen M, Appelkvist EL. Restricted uptake of dietary coenzyme Q is in contrast to the unrestricted uptake of alpha-tocopherol into rat organs and cells. *J Nutr* 1996; 126:2089-2097.

Zhu L, Gunn C, Beckman JS. Bactericidal activity of peroxynitrite. *Arch Biochem Biophys* 1992; 298:452-457.

Ziemlanski S, Puzynska L, Panczenko-Kresowska B. The effect of long-term enrichment of diet with selenium, vitamin E and B15 on the activity of certain enzymes in rat brain. *Acta Physiol Pol* 1987; 38 (4):323-330.

Ziemlanski S, Wielgus-Serafinska E, Panczenko-Kresowska B, Zelakiewicz K. Effect of long-term diet enrichment with selenium, vitamin E and vitamin B15 on the degree of fatty infiltration of the liver. *Acta Physiol Pol* 1984; 35 (4):382-397.

Zöllner N, Keller C, Wolfram G. Fettstoffwechsel; Lipidsenker - Pharmakotherapie bei Fettstoffwechselstörungen. In: Forth W, Henschler D, Rummel W, eds. *Allgemeine und spezielle Pharmakologie und Toxikologie..* Mannheim, Wien, Zürich, BI Wissenschaftsverlag, 1990:368-373.

7 Anhang

¹H-NMR-Spektren der Fraktion 1 (in CDCl$_3$)

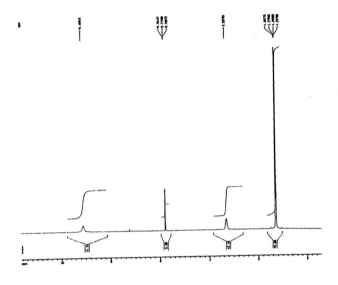

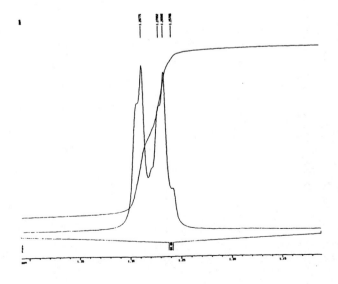

¹³C-NMR-Spektren der Fraktion 1

¹H-breitband-entkoppeltes Spektrum (in CDCl₃)

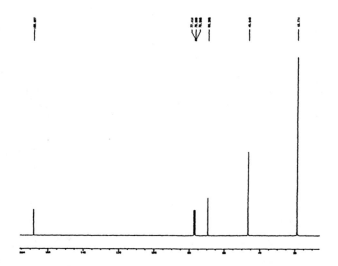

gekoppeltes Spektrum (in CDCl₃)

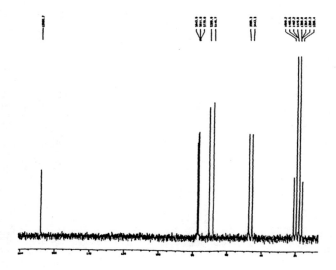

7 Anhang

IR-Spektrum der Faktion 1 (KBr-Preßling)

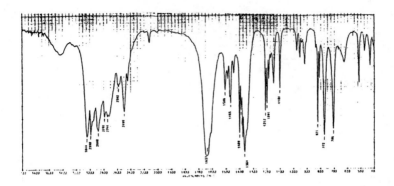

¹H-NMR-Spektren der Fraktion 2 (in D_2O)

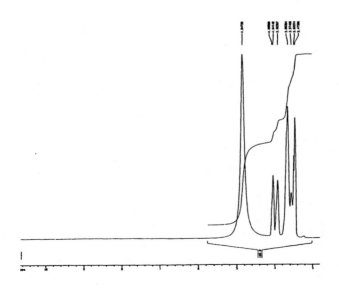

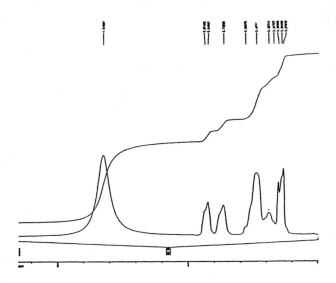

¹³C-NMR-Spektren der Fraktion 2

¹H-breitband-entkoppeltes Spektrum (in D$_2$O)

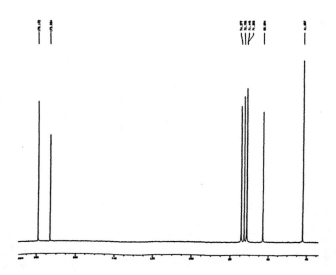

J-moduliertes Spinecho-Spektrum

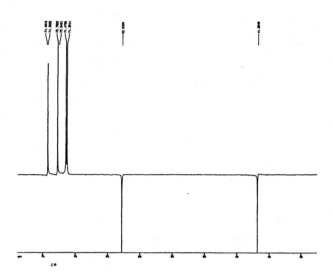

IR-Spektrum der Fraktion 2 (KBr-Preßling)

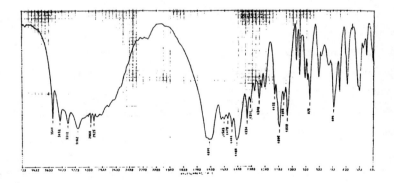

Danksagung

An dieser Stelle möchte ich ganz besonders Herrn Prof. Dr. E. F. Elstner für die Überlassung des Themas und die freundliche Unterstützung und Förderung während der Durchführung dieser Arbeit danken. Durch seine stete Diskussions- und Hilfsbereitschaft sowie seine wertvollen Anregungen hat er wesentlich zum Gelingen dieser Arbeit beigetragen.

Des weiteren wurde ein Teil dieser Arbeit von Herrn Prof. Dr. Steglich ermöglicht. Ich danke ihm sowie seiner Mitarbeiterin Frau Veronika Helwig für die von ihr durchgeführten Untersuchungen zur Strukturanalyse der „Pangamsäure".

Ein besonderes Dankeschön gilt Herrn Prof. Dr. Nohl, Veterinäruniversität Wien, für dessen Gastfreundschaft. In seinem Labor konnte ich den Umgang mit isolierten Mitochondrien erlernen; hierbei hat mir besonders Frau Dr. Katrin Staniek viel Zeit gewidmet.

Finanziert wurde die Arbeit von der Firma AQUANOVA®, Getränketechnologie, Mannheim. Besonders sei Herrn Behnam für die gute Zusammenarbeit und Bereitstellung des Probenmaterials gedankt.

Frau Dr. Elke Schlüssel möchte ich für die gute Einführung ins „Elstner Labor" und ihre stete Diskussionsbereitschaft danken. Weiterhin danke ich Frau Dr. Susanne Hippeli und Herrn Dr. Harald Schempp, die durch wertvolle Hinweise und Anregungen des öfteren zum Gelingen der Arbeit beigetragen haben.
Allen nicht namentlich erwähnten Laborkollegen und Lehrstuhlmitarbeitern gilt mein Dank für die Zusammenarbeit und das gute Arbeitsklima.

Mein besonderer Dank gilt meiner Schwester Gerlinde Koske und meinem Freund Jan Schneider, die mir während der Durchführung der Arbeit immer ein großer Rückhalt waren.

Herzlichen Dank auch an meine Eltern, Irmgard und Joachim Koske, die mir das Studium ermöglicht haben.

Kontrollierter Anbau von *Hypericum perforatum* und Untersuchung der methanolischen Extrakte als Grundlage für die Standardisierung auf das Gesamtwirkungs-spektrum

ANDREA DENKE
Technische Universität München

Das Johanniskraut, *Hypericum perforatum*, gehört zu den ältesten Arzneipflanzen. Seit dem Mittelalter ist seine psychoaktive Wirkung bekannt und wird gezielt eingesetzt. Die antidepressive Wirkung von *Hypericum perforatum* gilt heute als gesichert und auch die Schulmedizin setzt Johanniskraut in der Phytotherapie erfolgreich bei depressiven Verstimmungszuständen bis zu mittelschweren Depressionen, bei nervöser Unruhe und Schlafstörungen ein.

In diesem Buch wird der Einfluß unterschiedlicher Anbaubedingungen auf die Qualität und die Inhaltsstoffzusammensetzung von Extrakten aus Johanniskraut dargestellt. Die Drogenqualität wurde anhand methanolischer Extrakte in einem einfachen biochemischen Testsystem der Peroxidase-katalysierten Dimerisierung von L-Tyrosin bestimmt. Dieses Testsytem steht in einem möglichen Zusammenhang mit der medizinischen Indikation dieser Pflanze, der Depression. Eine Quantifizierung der wichtigsten Inhaltsstoffe von *Hypericum perforatum* erfolgte parallel dazu.

Momentan wird aufgrund des geänderten medizinisch-wissenschaftlichen Erkenntnisstandes im Bereich der Phytotherapie nicht mehr auf Hypericin als Leitsubstanz dieser Droge sondern als Zwischenlösung auf die Extraktmenge (Trockengewicht) standardisiert. Mit dem verwendeten Testsystem, der POD-katalysierten Dimerisierung von L-Tyrosin, kann die Gesamtaktivität von *Hypericum*-Extrakten schnell beurteilt werden. Es wird daher als neuartige und physiologisch relevante Grundlage für die Standardisierung von *Hypericum*-Extrakten vorgeschlagen.

[The book shows the results of planting of *Hypericum perforatum* (St. John's wort) under controlled conditions. The biochemical investigations of methanolic extracts lead to a new discussion of the standardization of the drug.]

ISBN 3 89586 501 X.
LINCOM Studien zur Pharmazie 01.
160 S. 8 Farbph. Mehrere Abb. DM 68 / £ 24 / USD 40.

Die Phytophthora - Erkrankung der europäischen Eichenarten.
Wurzelzerstörende Pilze als Ursache des Eichensterbens

THOMAS JUNG
Ludwig-Maximilians-Universität München

In Eichenbeständen Mitteleuropas werden seit Anfang der achtziger Jahre zunehmend Krankheitserscheinungen registriert, die besonders auf wechselfeuchten Standorten innerhalb weniger Monate zum Absterben alter Eichen führen können. Das Schadbild ist gekennzeichnet durch abgestorbene Äste, Zweigabsprünge, lichte Kronen, kleine z.T. vergilbte Blätter, Borkenrisse und dunkle Schleimflußflecken am Stamm sowie Wundleisten am Wurzelanlauf. Da diese Symptome auf Störungen im Wasser- und Nährstoffhaushalt hinweisen, wurden vom Autor im Rahmen seiner Dissertation am Lehrstuhl für Forstbotanik der Universität München Untersuchungen über den Gesundheitszustand der Wurzelsysteme von sechs Eichenarten in über 30 Waldbeständen in Deutschland sowie fünf weiteren europäischen Ländern durchgeführt. Dabei wurde an kranken Eichen in allen Beständen ein erschreckendes Ausmaß an Feinwurzelzerstörung sowie ein Zurücksterben von Langwurzeln und krebsartige Rindennekrosen an verholzten Wurzeln festgestellt. Mit speziellen Methoden konnten erstmals für Mitteleuropa aus Boden- und Feinwurzelproben der meisten Bestände verschiedene Arten der agressiven Pilzgattung Phytophthora isoliert werden, welche weltweit als primärparasitische Wurzelzerstörer bekannt sind.

In Bodenbeimpfungsversuchen verursachten diese Pilze ähnliche Schäden an Wurzelsystemen junger Eichen wie sie an Alteichen in der Natur auftreten, wobei sich eine vom Autor neuentdeckte Art als besonders aggressiv erwies. Bei einigen Arten konnte außerdem die Bildung eines Welketoxins nachgewiesen werden. Somit stehen Phytophthora-Pilze als primäre Verursacher der Wurzelschäden erkrankter Eichen fest. Aufgrund der hier gezeigten weiten Verbreitung dürften sie in vielen Waldbeständen eine entscheidende Rolle im Krankheitsgeschehen „Eichensterben" spielen. Als Ursachen für das epidemische Ausmaß der Eichenwurzel-Erkrankung werden vom Autor langfristige und großräumige Umweltveränderungen, insbesondere die Häufung milder und feuchter Winterperioden, die Verlagerung von Sommerniederschlägen ins Winterhalbjahr sowie der anthropogene Stickstoffeintrag in die Waldökosysteme diskutiert.

"Das Buch von Dr. Thomas Jung faßt die bahnbrechenden Ergebnisse seiner Arbeiten auf dem Gebiet der Eichensterbensforschung in klar verständlicher und exzellent bebilderter Form zusammen. Es ist deshalb für Wissenschaftler als auch für den interessierten Leser unentbehrlich."

(Prof. Dr. Wolfgang Oßwald, LMU-München. Lehrstuhl für Forstbotanik / Phytopathologie)

ISBN 3 89586 084 0.
LINCOM Studien zur Forstwissenschaft 02.
Ca. 150 S. 70 Photographien (alle farbig). USD 55 / DM 78 / £ 30.

Introduction to Forestry
E. R. WILSON AND K. C. VITOLS
University of Toronto

"Introduction to Forestry" is designed as a entry-level text for university students interested in the science and practice of forestry. The book deals mainly with forestry in temperate and boreal forest regions of Europe and North America, but also makes reference to and uses some examples from temperate forests in Asia and Oceania, and tropical forests in Central and South America. The primary focus is on the application of ecological knowledge to meet the objectives of sustainable forest management at both the stand and landscape scale.

The book is divided into the following sections: The challenge of sustainability in forestry and the objectives of forest management; Forest regions of the world and the history of forest exploitation; The tree in the forest environment, including basic tree biology, tree:site relationships and the tree as habitat for other forest species; Forest ecology and forest stand dynamics; Silviculture Systems 1: Intensive silviculture, including plantations, coppice systems, plant production, tree improvement, stand tending and thinning; Silviculture Systems 2: Close-to-nature silviculture and the emulation of natural disturbance regimes; Landscape ecology and ecosystem approaches to forest management; Forest management planning as a participatory social process. Each section begins with a theoretical overview and includes a number of case studies, illustrating the application of current knowledge to contemporary forest management issues. The text also includes a glossary of terms and suggestions for further reading.

ISBN 389586 540 0.
LINCOM Studies in Forestry.
Ca. 200 pp. Ca. USD 47 / DM 70 / £ 25. 1999/II.